静压桩施工对周边环境影响及灾变控制

李富荣 著

盐城工学院学术专著出版基金资助

科学出版社

北京

内 容 简 介

本书是一部关于静压桩施工环境问题的著作。全书共分 8 章，首先，在介绍静压桩施工挤土机理的基础上，系统分析了静压桩与土体接触面的滑动摩擦特性，静压桩施工的挤土效应及其对周围工程环境的影响；然后，介绍静压桩施工挤土效应的灾变控制技术，并基于灾变控制的设计思想，提出一种新型桩基——预制自排水桩，并分析该桩的抗挤土效应；最后，针对现有国家规范不足，为从源头上避免或减少挤土效应，介绍静压桩的设计。书中提供的丰富数据可用于相似工程，具有较高的实用价值。

本书可供土建、水利、交通等部门从事科研、设计、施工和勘察工作的人员参考，也可供高等院校教师及高年级本科生、研究生学习参考。

图书在版编目（CIP）数据

静压桩施工对周边环境影响及灾变控制/李富荣著. —北京：科学出版社，2016.11
　　ISBN 978-7-03-050631-3

　　Ⅰ. ①静⋯　　Ⅱ. ①李⋯　　Ⅲ. ①静压桩-工程施工-环境影响②静压桩-工程施工-工程地质-灾害防治　　Ⅳ. ①TU753.3②X820.3③P642.2

中国版本图书馆 CIP 数据核字(2016) 第 272953 号

责任编辑：惠 雪 曾佳佳 王 希 / 责任校对：韩 杨
责任印制：徐晓晨 / 封面设计：许 瑞

斜 学 出 版 社 出版
北京东黄城根北街16号
邮政编码：100717
http://www.sciencep.com

北京摩诚则铭印刷科技有限公司 印刷
科学出版社发行 各地新华书店经销
*
2016 年 11 月第 一 版 开本：720×1000 1/16
2021 年 2 月第四次印刷 印张：12 3/4
字数：257 000
定价：99.00元
（如有印装质量问题，我社负责调换）

前　　言

　　静压桩因具有施工工效高、无泥浆、无噪声污染等特点而得以在城市建筑密集区广泛应用，然而，静压桩属于挤土桩，施工时极易产生挤土效应。同时，我国在城市化进程中呈现了房屋高层化、立体交通化及市政管线密集化的发展态势，且大量的市政设施埋置在地下，如污水管道、煤气和供水供电系统、通信系统等。在这种建筑群林立、地下隧道及管线纵横交错的复杂环境中，进行静压桩施工产生的挤土效应必然会对附近已有的建 (构) 筑物及市政道路、地下公用设施产生不良的影响，如何在确保工程施工的优质安全与快速同时，保护邻近建 (构) 筑物与市政道路、地下公用设施的安全与功能完整，已受到岩土工程界与学术界的高度重视。

　　静压桩施工环境问题是一个静压桩施工和周围工程环境相互作用的问题，涉及环境保护、土力学、桩基工程等多方面的知识，属环境岩土工程问题。其涉及面非常广，影响因素多，问题双方都很复杂，不同的地质条件、桩型、施工流程、施工速率等都会影响挤土效应的大小和范围；被影响的各类建 (构) 筑物和地下设施能够承受影响的能力不同，造成的影响和损害的程度亦不同。对此问题目前尚缺乏完整的、系统的和成熟的研究成果，但在工程中却经常遇到这方面的问题，目前大多数是依靠工程技术人员的经验和直观判断来解决，由于经验不足或疏忽而造成的工程事故实践中屡见不鲜。

　　本书凝聚了作者多年来在静压桩施工环境效应问题的研究成果，也反映了静压桩挤土效应研究的发展趋势。全书研究内容系统全面，指导性强，本书作者已在国内外发表相关论文 20 余篇。本书不仅系统阐述了静压桩施工对周围工程环境的影响规律及其灾变控制技术，还提出了一种可抗挤土效应的预制自排水桩。具体主要包括以下内容：

　　(1) 绪论。介绍了静力压桩机的分类、构造、选择及典型静力压桩机，阐述了静压桩的施工流程、施工常见问题及相关规范规定，收集了静压桩施工引起挤土效应的工程案例，总结了静压桩施工对周围环境影响的研究现状。

　　(2) 静压桩施工的挤土机理分析。分析了不同土体中静压桩的沉桩特性，给出了静压桩施工挤土效应的几种分析方法，重点围绕圆孔扩张法，分析了静压桩挤土的弹塑性问题，给出了挤土问题的弹性解、弹塑性解及桩周土体孔隙水压力的计算公式。

　　(3) 静压桩与土体接触面的滑动摩擦试验研究。基于改进直剪仪，采用江苏沿海地区滩涂土，模拟静压桩与土体之间的滑动摩擦，系统分析了剪切过程中不同法向应力不同土体下滑动位移和摩阻力的关系，进而分析了沥青涂层和时效性对摩擦性能的影响。

(4) 静压桩施工的挤土效应研究。设计了一种模型试验箱，依次完成了静压单桩、排桩、群桩挤土效应试验，比较分析了周围土体位移的孔隙水压力；基于小孔扩张理论，给出了静压桩挤土效应引起的水平位移和地表沉降 (隆起) 的估算公式，并与现场测试结果进行了比较分析；基于位移贯入法，采用有限元软件，比较分析了均质土和分层土条件下静压桩沉桩过程，进而分析静压桩施工对周围地下管线、建筑基坑、市政道路的影响。

(5) 静压桩施工挤土效应对周围环境影响的试验研究。采用模型试验方法，完成了静压群桩施工引起的挤土效应对周围地下管线、建筑基坑、市政道路影响的模型试验，首先，详细分析了静压沉桩过程中地下管线的应变变化性状，探讨了地下管线直径、埋深、桩区与管线距离对地下工程的影响规律；其次，分析了静压沉桩过程中基坑水平位移、坑底隆起变形以及土压力的变化规律；最后，分析了静压沉桩过程中地表土体位移的变化规律，进而分析了桩区-道路之间的位移、道路两侧的最大位移，并探讨了道路宽度的影响。

(6) 静压桩施工引起挤土效应的灾变控制技术。从小孔扩张理论出发，分析了静压桩挤土效应的灾变控制原理，给出了静压桩设计阶段、施工前、施工期间的灾变控制方法，提出了静压桩挤土效应的监测方案 (包括土体位移监测、孔隙水压力监测、周围建筑物监测) 及预警机制。

(7) 预制自排水桩的抗挤土效应研究。基于灾变控制的设计思想，提出了预制自排水的设计理念，分析了预制自排水桩的抗挤土机理，计算分析了自排水桩的沉桩排水固结时间，采用室内排水和现场排水试验，分析了预制自排水桩的沉桩排水效果，测试了预制自排水桩的桩身承载力和单桩竖向承载力，介绍了预制自排水桩的沉桩工艺，分析了预制自排水桩的经济性和可行性。

(8) 静压桩的设计介绍。为进一步做好静压桩施工挤土效应的控制问题，从静压桩的设计角度出发，介绍了静压桩的设计内容以及静压桩设计的相关规定，并进行了解释阐述。

本书的相关研究得到了住房和城乡建设部科技项目 "软土地区静压群桩挤土效应引起工程环境问题的试验研究" (2010-K3-6) 和 "静压桩施工的环境效应问题及防治方法研究" (2013-K3-18) 的立项资助，本书还受到江苏省高校品牌专业建设工程一期项目 (PPZY2015C218)、盐城工学院学术专著出版基金及盐城工学院 "学科领军人才培养计划"、优秀青年骨干教师培养对象的资助。

感谢盐城工学院苟勇、王延树、周乾、于小娟、王照宇、孙厚超、何山、殷勇等，盐城市建筑设计研究院有限责任公司郝子进、常素萍，淮阴师范学院夏前斌，江苏通州基础工程有限公司张艳梅对本书相关内容的指导和帮助，同时也要感谢我的学生伏焕勇、宋健、徐慧、潘浩、袁啸、蒋文勇、李怀钰、卢珊等所做的相关工作。本书引用了大量的发表于各类期刊和专著的资料成果，并将引用的文章和专著列入参考文献，但难免会有疏漏，如有疏漏敬请谅解！在此表示感谢！

　　由于作者的水平有限，书中难免有疏漏和不当之处，敬请读者批评指正。

李富荣

2016 年 8 月于盐城工学院

目　　录

第1章 绪　　论

1.1　概　　述

　　预制桩施工有锤击法、振动法和静压法。其中，振动法沉桩因环境影响问题，目前已较少应用。锤击法沉桩是常用的方法，它所用的设备与工艺均较简单，施工速度快，适应范围广，现场文明程度高，只要桩的自身强度许可及土层条件合适，可进入足够的深度，但施工时有挤土、噪声和振动等公害，对城市中心和夜间施工有所限制。静压法沉桩是借助于桩架自重和配重通过压梁或压柱将整个桩架自重和配重或结构物反力，以卷扬机滑轮组或液压泵方式施加在桩顶或桩身上，当施加的静力与桩的入土阻力达到动态平衡时，桩在自重和静压力作用下逐渐被压入地基土中，所压入的桩称为静压桩[1]。早在 20 世纪 50 年代初，我国沿海地区就开始采用静压法沉桩。至 90 年代，压桩机已实现系列化，且最大压桩力为 10 000kN 的压桩机已问世，它既能施压预制方桩，也可施压预应力管桩。适用的建筑物已不仅是多层和中高层，也可以是 20 层及以上的高层建筑及大型构筑物。

　　静压桩具有施工无泥浆、无噪声污染、桩身质量易保证和检查、经济效益高等诸多优点，在我国湖北、广东、上海、江苏、浙江、福建等省市得到广泛应用。然而，静压桩沉桩时易产生挤土效应，尤其是在饱和黏土中沉桩。挤土效应会使周围一定范围内的土体表面发生水平位移和隆起变形；且对已施工的邻桩产生径向压力及垂直向拉拔力，从而使邻桩产生弯曲、倾斜、水平位移等一系列不良后果；大量的土体移动常导致邻近的建筑物和构筑物产生裂缝、道路路面损坏、水管爆裂、煤气泄漏、边坡失稳等一系列环境事故，甚至工程事故；另外沉桩时引起的土体应力改变和超孔压也会对桩基的承载力产生影响。

　　随着国民经济的日益发展，我国的城市化规模不断扩大，城市化发展造成了城市建设用地日益紧张；为了充分利用空间，缓解城市用地困难，人们自然而然采用向高空和地下发展的策略，即房屋高层化、立体交通化及市政管线密集化，且大量的市政设施埋置在地下，如污水渠道、煤气和供水供电系统、通信系统等。静压桩施工产生的挤土效应极易对周围工程环境产生不利的影响，这种影响主要表现在以下几个方面 [1-3]：

　　(1) 对邻近建筑物和地下管线的影响。在密集的建筑群中间打桩时，经常使邻近的建筑物、地下管线等受到损害。常常表现为：地坪开裂、已打入桩的桩顶偏位、道路开裂、邻近建筑物上抬、门窗开启困难、工业厂房行车困难、地下管线变位和开裂等。例如，上海某高层建筑桩基施工时，由于附近民房结构较差，基础埋深较浅，因打桩造成基础开裂，居民被迫搬迁。打桩附近的地下煤气管道也因土体受挤位移而破裂，造成泄漏和火灾。又如上海建国西路某高层住宅大楼桩基施工时，为了避免噪声而采用静压桩施工，结果由于挤土作用引起高的孔隙水压力，使 30m 开外的一口井的水质变得混浊。

(2) 桩的抬高、挠曲和折断。在饱和软土中打桩时，由于桩要置换相同体积的土，因此打桩区内及附近的地面会隆起。如果在灵敏性土中打桩，桩周土会产生很高的孔隙水压力，有可能使土液化，使先打入的桩向上浮起。太沙基 (1942) 曾报道过，把一根 21m 长的木桩打入到一种褐色软土中，发现每击一下，邻桩升起最大达 15~20cm，打桩结束时，邻桩浮起量达 10~30cm。

由于地面隆起，已打入的桩上抬，造成桩尖脱孔，载荷试验时会发生突沉现象。这种假极限现象常给确定单桩承载力造成困难。对于不出土的挤压沉管灌注桩来说，危害更大，这类桩配筋很少，前桩刚刚初凝，由于后桩的挤土作用，常使前桩发生断裂。上海某工程破坏实例，地面大量隆起，桩体断裂破坏，经挖开观察，最多的断裂成 5 节，试桩后承载力仅为几吨，整个工程 600 多根桩不得不报废。

(3) 在边坡或边坡附近打桩时的影响。在港工建设中，常需要打大量的桩，由于临江面的边坡阻力小，桩位常向江面移动，更严重的会导致边坡失稳，所以要特别小心。如上海某电厂在黄浦江边建一煤厂，由于打桩没有控制，原有码头桩向江面移动并发生断裂，防洪墙损坏，不得不中断施工，改变桩型。

(4) 打桩和基坑开挖相互影响，有两种情况：

第一种情况是指打桩区附近开挖基坑时，由于侧向卸载，常造成邻近基坑围护体系移动，同时，桩本身向基坑方向移动。桩越密，基坑越深，影响越严重。例如，1979 年上海某厂的热风炉和高炉基础桩基底板刚浇筑完毕，在靠近热风炉一侧 5m 左右，降水开挖电缆沟及地下管线沟槽时，热风炉基础向电缆沟方向水平位移 20mm。

第二种情况是基坑工程本身大量卸载，由于大量桩打入地下，储存着很大的挤压应力释放，工程桩本身会发生位移。移动方向往往与挖土方向一致。如浙江杭州某大楼基础施工，打桩后基坑开挖时，最大一根桩的顶部位移达 1m 多。除桩的位移外，由于桩周土被扰动以及开挖时应力释放，基坑边坡容易失稳。桩群周围土体的扰动程度主要取决于土的性质、桩的密度等。因此，在基坑边坡开挖设计时，通常把土的不排水强度降低 20%~30% 来考虑。

(5) 桩承载力的后期效应。打桩过程，对周围土体来说，是一个不排水的挤压过程。因此，在桩周土体中必然会产生较高的孔隙水压力。打桩结束后，孔隙水压力消散，桩周土体发生再固结，再固结导致土体有效应力增加，因此桩的承载力会随着时间而增加。另外，再固结导致桩间土下沉，使得承台下土体和承台脱开，同时也可能对桩产生负的摩擦力。

　　静压桩挤土效应及对周围环境的影响问题,涉及环境保护、土力学、桩基工程等多方面的知识,属环境岩土工程问题。其涉及面非常广,影响因素多,问题双方都很复杂,不同的地质条件、桩型、施工机械、施工流程、施工速率等都会影响挤土效应的大小和范围;被影响的各类建(构)筑物和地下设施能够承受影响的能力不同,造成的影响和损害的程度亦不同。因此,在建筑群林立、地下隧道及管线纵横交错的复杂环境中进行静压桩的施工,必须考虑对附近已有的建(构)筑物及市政道路、地下公用设施可能产生的影响,在确保工程施工的优质安全与快速同时,保护邻近建(构)筑物与市政道路、地下公用设施的安全与功能完整。

1.2　静压桩施工机械

1.2.1　静力压桩机的分类

　　静压法沉桩施工对施工机械性能有特定的要求,总体上可归纳为:

　　(1) 桩身总重量加配重要求达到设计要求;

　　(2) 桩机机架应坚固、稳定,并有足够刚度,沉桩时不产生颤动位移;

　　(3) 夹具应有足够的刚度和硬度,夹片内的圆弧与桩径应严格匹配,夹具在工作时,夹片内侧与桩周应完整贴合,呈面接触状态,且应保证对称向心施力,严防点接触和不均匀受力;

　　(4) 压桩机行走要灵活,压桩机的底盘要能承受机械自重和配重的基本要求,底盘的面积要足够大,满足地基承载力的要求。

　　静压法沉桩是通过压桩机自重及桩架上的配重作为反力将预制桩压入土中的一种沉桩工艺,其施工根据所用施工机械不同,可分为压桩机施工法、压桩架滑轮压入施工法、锚杆静压施工法、利用结构物自重提供反力的千斤顶压入施工法等[4]。以下主要介绍压桩机施工法所采用的压桩机。表 1-1 列出了该类静力压桩机的分类。这里主要根据驱动动力,介绍了绳索式压桩机和液压式压桩机。

表 1-1　静力压桩机的分类

序号	分类依据	类型	适用性
1	压桩位置	中压式、前压式	中压式应用广泛, 前压式压桩能力相对较小
2	压桩方式	抱压式(箍压式)、顶压式	多用抱压式
3	驱动动力	绳索式、液压式	多用液压式
4	行走机构	托板圆轮式、步履式、履带式	多用步履式
5	配重的设置特性	固定式、平衡移动式	中压式压桩机多用固定式配重, 前压式压桩机多用平衡移动式配重

1) 绳索式压桩机

绳索式压桩机主要由桩架、压梁、桩帽、卷扬机、钢丝绳与滑轮组等组成。压桩时，桩帽盖住预制桩顶，卷扬机产生的拉力通过钢丝绳、滑轮组、压梁及桩帽，将桩头徐徐压进土层。桩架可以是步履式、滚轮式或履带式。桩头可以置于桩架的中心部位，也可在边侧。如每节桩的质量在 5t 以内的，桩架上可设置小型起重设备。再重的桩节，需用辅助吊机喂桩。这种桩机是最早（20 世纪 70 年代末）开发的机型，由于卷扬机的能力有限，加之滑轮组越多，阻力越大，因此，压桩的能量不大，最多仅 1000kN。而且滑轮越多，速度越慢，但因机具均较可靠，施工时故障较少。全套桩机自重不大（300~400kN），对长桩的压入需配平衡重。该桩机顶部有桩帽盖梁，单节桩长受限制，一般最长为 12~14m。桩架面积较大（7000mm×8000mm）。对靠近已有建筑物处施工有限制，一般需保持 3~4m 的施工距离。图 1-1 为绳索式压桩机的示意图。

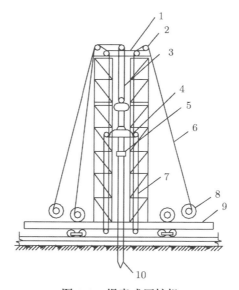

图 1-1　绳索式压桩机
1. 桩架顶梁；2. 导向滑轮；3. 提升滑轮组；4. 压梁；5. 桩帽；6. 钢丝绳；
7. 压滑轮组；8. 卷扬机；9. 底盘；10. 桩

2) 液压式压桩机

液压式压桩机由桩架、行走机构、液压夹具、配重、千斤顶及液压动力系统等组成。压桩时通过夹具将桩夹住，依靠液压千斤顶将桩压入土层。这种桩机较绳索式先进，因无帽梁及桩帽，对桩长的限制较小；全液压驱动，使整台桩机结构简单；液压产生的静压力远远高于滑轮组产生的下拉力；压桩的速度也大大提高。目前，液压式压桩机最大压桩力可达 10 000kN 左右。夹具根据桩截面不同，分为方桩夹具与圆桩夹具。图 1-2 为液压式压桩机的示意图。

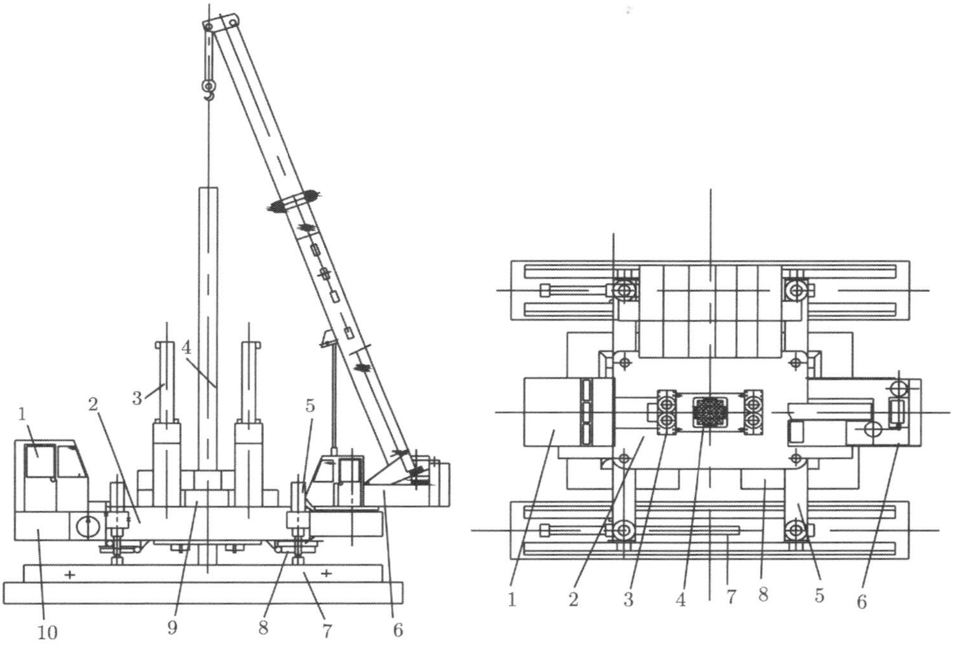

(a) 侧视图　　　　　　　　　　　　　　(b) 俯视图

图 1-2　液压式压桩机

1. 操作室；2. 机身；3. 压桩缸；4. 预制桩；5. 升降装置；6. 起重机；
7. 纵向移动机构；8. 横向移动、回转机构；9. 配重；10. 液压泵站

　　目前，用得比较多的静压桩施工机械就是液压式静力压桩机。液压式静力压桩机是近年来的一种新型步履式桩基工程施工设备。纵观液压静力压桩机的发展过程，大致可将其分为两个阶段：第一阶段从 20 世纪 70 年代后期到 90 年代中期，国内先后研制了几种压桩机，并逐步形成系列产品进入市场，其中，具有代表性的两个系列产品是武汉产的 YZY 系列液压静力压桩机和长沙产的 ZYJ 系列液压静力压桩机；第二阶段是 20 世纪 90 年代中期以后，由于 1994 年底在珠海利用液压静力压桩机将直径 500mm 的预应力管桩压入强风化岩获得成功，拓宽了静压桩的应用范围，也使预应力管桩在城市和居民住宅区内的应用找到了新路子。

1.2.2　静力压桩机的构造

　　尽管各种型号的静力压桩机在某些方面有所不同，但大致构造是相同的。静力压桩机主要由导向架、支腿平台、夹桩机构、辅助工作机、液压及电气系统 (对于液压式的)、铸铁配重、长船短船行走机构、回转机构等组成。以下介绍其主要部分。

1) 静力压桩机的行走装置

压桩机的行走装置是由横向行走 (短船)、纵向行走 (长船) 和回转机构组成。通过在支腿平台下的两条横向短船和两条纵向长船之上铺设轨道，以横向和纵向油缸的伸程和回程为动力，实现桩机的纵向和横向步履式行走。当横向两油缸一只处于伸程而另一只处于回程时，可使桩机回转。

2) 静力压桩机的夹桩及压桩机构

夹桩靠液压油缸驱动的夹桩器进行，国内现有的液压静力压桩机的夹桩器有如下几种类型：一种是由相互独立的 4 个夹头板组成，分设在压桩机的主立架的 4 根槽钢导轨上，每一个夹头板各与一组使其水平方向位移和垂直方向位移的液压油缸装置相连，压桩时，4 个夹头板从 4 个方向将桩柱夹紧；另一种夹桩器，它的特点是通过倍率杠杆使夹紧力增大；还有一种是根据楔形增力的机械原理而设计出的滑块式液压夹桩器。

压桩时，桩机利用自身的工作吊机把桩吊入夹持横梁，夹持油缸将桩夹紧，压桩油缸向下伸程，把桩压入土中。伸程完后，夹持油缸松夹回程，压桩油缸向上回程。重复上述动作，就可持续压桩。

为了减小夹持系统对桩身可能造成的损坏，目前研制出了多点均压式夹持机构，该夹持技术运用了楔块的增力原理，在桩周边实施多层、多瓣、多点夹持，产生"手握鸡蛋"的夹持效果。采用多点均压式夹持机构，桩身的应力分布比 4 夹头式的均匀，且在夹桩油压相同时，夹桩力更大，而桩身应力峰值仅为采用传统夹桩机构所产生的桩身应力峰值的 30%。该技术成功地解决了传统夹桩机构的不足，满足了薄壁管桩施工及大吨位桩机施压高承载力桩的无破损要求。

3) 静力压桩机的液压系统

以上夹桩和压桩都是液压油缸完成的。静力压桩机液压系统设计方法的选择对于其设计的合理性是至关重要的。根据负载变化情况和对元件的工作要求不同，液压控制系统的设计方法可分为恒功率设计、恒流量设计和恒压力设计。

由于液压静力压桩机的工作特殊性，目前，实际应用于静力压桩机压桩液压系统设计的方法主要有两种：一种是恒流量设计法，其代表机型主要有国产 YZY 系列液压静力压桩机和日本桩机；另一种是最近几年提出并采用的准恒功率设计法，其代表机型有国产 ZYJ 系列液压静力压桩机。

所谓恒流量设计，就是使液压动力源的输出流量保持恒定的一种设计方法。在实际的液压静力压桩机液压系统中，在保持系统输出流量不变的条件下，以设计要求的最大压桩速度所需的流量和最大压桩力时所产生的系统油压作为系统装机功率的设计依据。很显然，该压桩系统相对简单，但采用这种设计方法，要想形成大吨位的压桩机，往往是通过增大压桩液压缸面积来实现，即采用多个大压桩油缸同时供油压桩，这样势必会造成速度放慢，使得压桩速度和较大的压桩力无法同时兼顾。

目前对施工速度及桩机大吨位的要求是静力压桩机的一个发展趋势。常规液压静力压桩机由于采用了恒流量设计方法，故而不能满足这一需求，致使设备能量利用率低，最大吨位受到限制。采用恒功率设计方法能解决这一问题。ZYJ 系列液压静力沉桩机就是采用准恒功率设计方法设计的新一代静力沉桩机。

准恒功率设计方法是采用主压桩缸先工作的方案，一方面可提高低阻力阶段的工作油压，减少与高阻力阶段油压的差别；另一方面额定流量相同时，由于油压面积减少，占压桩过程绝大部分的低阻力阶段的压桩速度可显著提高。而最后让副压桩缸参与压桩，增大压桩缸的油压面积，从而大幅度增加了压桩力。另外，采用恒功率变流量泵配合主、副压桩缸，同样可达到准恒功率压桩的目的，而且在高阻力阶段的恒功率特性更好。

准恒功率设计方法具有以下优点：

(1) 由于采用两对压桩缸，可以缩小液压缸的规格或降低额定油压，对大型桩机的开发非常有利。

(2) 与传统设计方法相比具有明显的优点，传统设计不论在低阻力阶段还是在高阻力阶段，其功率利用率都很低，而且在高阻力阶段多余的功率都以油液发热的形式消耗掉，而准恒功率设计开发的桩机在整个压桩过程中的功率利用率都很高，接近于 1。

(3) 即使在装机功率小很多的条件下，它比传统设计的压桩速度高 (压桩力相同时)、压桩力大 (压桩速度相同时)。

因此，准恒功率设计在较小功率配置条件下，大幅度地提高了压桩速度和压桩力，该方法的能量利用率高，适用于大吨位桩机的设计。目前采用该法设计的产品中最大压桩速度可达 5m/min，最大压桩力可达 12 000kN。

1.2.3 典型静力压桩机介绍

这里首先介绍 YZY 型系列液压静力压桩机，该桩机是一种高效桩工基础工程机械，其操作简单、维修方便且具有机械化程度高、施工速度快的优势。该机能独立完成吊、压、拔桩作业，不仅可以压方桩，也可以压管桩。移位时行走机构采用提携船式步履，把船体作为轨道，通过纵横向油缸伸程与回程，实现压桩机的纵横向行走、360° 回转、机身调平等功能，全部动作均为液压驱动，压桩时噪声低、无振动、无泥浆，对环境影响小。同时采用多点均式夹持机构，大大降低了管桩破损率，该装置还可夹薄壁管桩而不损桩；安装的导入桩设置，可彻底解决顶压桩机不易对桩的问题，提高了压桩效率。这一系列压桩机的规格及主要技术参数见表 1-2。从表中可知，最大静压力达 12 000kN，这样大的压力可穿透 $P_s = 15 \sim 18$MPa 的夹砂层 (厚度 <10m)。单桩设计承载力大于 3500kN。施工过程中通过液压表读数，将压桩阻力清晰地反映出来。

表 1-2　YZY 型系列液压静力压桩机主要技术参数

技术参数		单位	YZY120	YZY180	YZY240	YZY320	YZY420	YZY500	YZY600	YZY680	YZY800	YZY900	YZY1000	YZY1200
额定压桩力		kN	1200	1800	2400	3200	4200	5000	6000	6800	8000	9000	10 000	12 000
压桩速度	高速	m/min	3.4	5.5	5.5	5.9	4.5	4.5	6.8	5.5	5.2	5	4.78	5
压桩速度	低速	m/min	1	1	0.76	0.93	0.71	0.73	0.85	0.74	0.7	0.74	0.59	0.56
一次压桩行程		m	1.5	1.8	1.8	1.8	1.8	1.8	1.8	1.8	1.8	1.8	1.8	1.8
移位	纵向	m	1.6	2.8	2.8	2.8	2.8	2.8	3.6	3.6	3.6	3.6	3.6	3.6
移位	横向	m	0.4	0.6	0.6	0.6	0.6	0.6	0.6	0.6	0.7	0.7	0.7	0.7
每次转角		(°)	11	11	11	11	11	11	8	8	8	8	8	8
升降行程		m	0.8	0.9	0.9	0.9	0.9	0.9	1.1	1.1	1.1	1.1	1.1	1.1
可配最大圆桩钳口		mm	400	400	400	500	500	600	600	600	600	800	800	800
可配最大方桩钳口		mm	350	400	400	500	500	500	500	500	500	500	500	500
边桩距离		mm	720	900	900	1100	1100	1100	800	800	800	1000	1000	1000
角桩距离		mm	1185	2300	2400	2700	2700	2700	1700	1700	1700	1530	1530	1530
起吊重量		t	5	8	8	12	12	12	16	16	16	25	25	25
变幅力矩		t·m	16	40	40	60	60	60	80	80	80	130	130	130
功率	压桩	kW	22	60	60	60	90	90	111	119	127	135	135	135
功率	起重	kW	11	30	30	30	30	30	30	30	30	45	45	45
主要尺寸	工作长	mm	9000	10 000	10 000	12 000	13 000	13 200	13 500	13 800	13 800	14 000	14 500	16 000
主要尺寸	工作宽	mm	4450	6100	6440	6980	7480	7480	7900	8300	8300	8900	9200	9300
主要尺寸	运输高	mm	2700	2900	2920	3040	3060	3090	3060	3090	3090	3180	3200	3300
接地比压	长船	t/m²	9	8.2	9.4	10.3	10.8	12.6	13.1	12.9	15.2	15.3	15	15.6
接地比压	短船	t/m²	12.5	9.4	10.4	12.8	12.4	14.7	16	18.2	18.3	18.4	18.8	20.3
总重量		t	122	182	242	322	422	502	602	682	802	902	1002	1202

资料表明，YZY 型系列液压静力压桩机具有以下特点：施工文明、场地整洁，工人劳力强度低；低噪声、无震动、无污染，特别适合市内工程，是理想的环保型桩基础施工设备；效率高、施工速度快，台班 (8h) 压桩可达 300~800m，远远高于其他施工设备，是完成面积大、工期紧的大规模基础工程的最有力的手段；施工质量好，压桩过程类似静压试桩过程，成桩率易于达到 100%；在各种桩基础施工法中，按每立方米预制桩的承载力计算，其费用属于最低之列 (承载力相同时与沉管灌注桩相当)；桩身所受应力较低，桩身破损少，可降低预制桩的制造成本；机械化程度高，操作舒适；对桩方便灵活，拆装转场快。

ZYJ 系列静力压桩机是用于静压桩施工的新一代抱压式静压沉桩机。它最显著的性能特征是高效节能，支持这一特征的是其设计独特的压桩系统和与其匹配的液压系统。该系列静力压桩机的液压系统特点是采用压力补偿变量泵和恒功率变流量泵配合为主、副压桩缸，以达到准恒功率压桩的目的，而且在高阻力阶段的恒功率特性更好。此外，采用两对压桩缸可以缩小液压缸的规格，或降低额定油压，这对大型桩机的开发非常有利。

与国内外几种典型压桩机的性能对比，ZYJ 系列压桩机的主要性能得到了进一步的提高，应用了准恒功率设计理念及实施方案、"边桩、角桩处理技术" 和 "多点均压式管桩夹桩技术" 等先进技术。几种典型压桩机的性能对比见表 1-3。从性能功率比 K 来看，ZYJ180、ZYJ240、ZYJ320 三种压桩机在高效节能方面已取得突破性进展，明显优于国内外的性能先进的压桩机 (K 大于 1 说明 ZYJ 系列压桩机不像传统设计的那样不分阶段按最大压桩速度和最大压桩力设计装机功率)。

表 1-3 几种典型压桩机的性能对比 [4,5]

桩机型号	最大压桩力 f/kN	最大压桩速度 $U/(\mathrm{m/min})$	装机功率 N/kW	性能功率比 K(统一单位)
YZY160	1600	1.8	70	0.72
DYZ320	3200	0.94	55	0.89
日本桩机	2250	0.5	55	0.4
ZYJ180	1800	2.1	44	1.56
ZYJ240	2400	2.1	44	1.87
ZYJ320	3200	2.1	44	2.49

注：其中 $K = fU/N$，为 "性能功率比"；"日本桩机" 系日本的一种压桩装置。

因此，由压力补偿变量泵或恒功率变量泵与两对先后参与压桩的液压缸匹配组成的该系列的静力压桩机的准恒功率压桩系统，可以使静力压桩机在高效节能方面取得显著的进展，具有明显的实用价值。

与 ZYJ 抱压式静力压桩机相对应的还有 ZYDJ 预压式静力压桩机，但后者使用较少。

总的来说，静力压桩机的生产企业主要集中在湖南长沙，主要生产企业有湖南山河智能、湖南有色重工、恒天九五等。

1.2.4　静力压桩机的选择

静力压桩机应根据最大压桩阻力、桩的规格（断面和长度）、穿越土层的特性、桩端土层的特性、单桩极限承载力及布桩密度等条件综合考虑，合理地选用静力压

表 1-4　静力压桩机型号选择参数表（《静压桩施工技术规程》（征求意见稿））

项目	160~180t	240~280t	300~380t	400~460t	500~600t	800~1000t
最大压桩力/kN	1600~1800	2400~2800	3000~3800	4000~4600	5000~6000	8000~10 000
估算的最大压桩阻力/kN	1300~1500	2000~2200	2400~3000	3200~3700	4000~4800	6400~8000
适用管桩桩径/mm	300~400	300~500	400~500	400~550	500~600	500~800
适用方桩边长/mm	250~400	300~450	350~450	400~500	450~500	500~600
单桩极限承载力/kN	1000~2000	1700~3000	2100~3800	2800~4600	3500~5500	5600~7200
桩端持力层	中密-密实砂层、硬塑-坚硬黏土层、残积土层	密实砂层、坚硬黏土层、全风化岩层	密实砂层、坚硬黏土层、全风化岩层	密实砂层、坚硬黏土层、全风化岩层、强风化岩层	密实砂层、坚硬黏土层、全风化岩层、强风化岩层	密实砂层、坚硬黏土层、全风化岩层、强风化岩层
桩端持力层标贯击数N	20~25	20~35	30~40	30~50	30~55	35~60
桩端持力层单桥静力触探比贯入阻力P_s值/MPa	6~8	6~12	10~13	10~16	10~18	12~20
桩端可进入中密-密实砂层厚度/m	约 1.5	1.5~2.5	2~3	2~4	3~5	4~6

注：(1) 压桩机根据工程地质条件、估算的最大压桩阻力、单桩极限承载力、入土深度及桩身强度并结合地区经验等因素综合考虑后选用。

(2) 最大压桩力为理论最大压桩力，压桩时压桩机提供的最大压桩力约为其 0.9 倍。

(3) 表中给出了桩端可进入中密-密实砂层的厚度，对桩端持力层不是中密-密实砂层的工程，桩端可进入持力层的深度宜根据压桩阻力估算值、桩身强度并结合地区经验等因素综合确定。

(4) 本表仅供参考选择压桩机，不能作为确定贯入度和单桩承载力的依据。

桩机的途径有经验法、现场试压桩法及静力计算公式预估法等。其中,《静压桩施工技术规程》(征求意见稿)、广东省标准《静压预制混凝土桩基础技术规程》(DBJ/T 15-94—2013)、江苏省标准《预应力混凝土管桩基础技术规程》(DGJ32/TJ 109—2010) 等分别给出了静力压桩机的选择条件,具体分别见表 1-4、表 1-5 和表 1-6,这些表也可供其他地区参考使用。

表 1-5 选择静力压桩机参考表 (《静压预制混凝土桩基础技术规程》 (DBJ/T 15-94—2013))

项目		160~180t	240~280t	300~360t	400~460t	500~600t
最大压桩力/kN		1600~1800	2400~2800	3000~3600	4000~4600	5000~6000
适用管桩	最小桩径/mm	300	300	400	400	500
	最大桩径/mm	400	500	500	550	600
适用方桩	最小边长/mm	300	350	400	400	450
	最大边长/mm	400	450	450	500	550
单桩承载力特征值/kN		500~1000	800~1500	1000~1900	1500~2500	1800~2800
桩端持力层		中密-密实砂层、硬塑-坚硬黏土层	密实砂层、坚硬黏土层、全风化岩层	密实砂层、坚硬黏土层、全风化岩层	密实砂层、坚硬黏土层、全风化岩层、强风化岩层	密实砂层、坚硬黏土层、全风化岩层、强风化岩层
桩端持力层标贯值 N		20~25	20~35	30~40	30~50	30~55
穿透中密-密实砂层厚度/m		约2	2~3	3~4	4~5	4~6

表 1-6 静力压桩机选择表 (《预应力混凝土管桩基础技术规程》(DGJ 32/TJ 109—2010))

项目	YZY160~180	YZY200~280	YZY300~360	YZY400~450	YZY500~600
最大压桩力/kN	1600~1800	2000~2800	3000~3600	4000~4500	5000~6000
适用管桩外径/mm	400	500	500	550	500~600
桩端持力层	中密-密实砂层、硬塑-坚硬黏土	密实砂层、坚硬黏土层、极软岩	密实砂层、坚硬黏土层、极软岩	密实砂层、坚硬黏土层、极软岩-强风化岩	密实砂层、坚硬黏土层、极软岩-强风化岩
桩端持力层标准贯入击数值 $N_{63.5}$(未修正)	20~25	20~35	30~40	30~50	30~55
穿透中密-密实砂层厚度/m	约2	2~3	3~4	5~6	5~8
单桩极限承载力/kN	1000~2000	1300~2000	190~3800	2800~4000	3500~5500

关于静力压桩机的吨位,我国原有静压法设备的静压力一般为 800~2500kN,适用于桩径为 $\phi400~450$mm、桩长为 30~35m 的桩基工程。近年来,静力压桩机的最大压桩力发展较快,有的桩机静压力可高达 12 000kN,甚至更高,可应用于桩径

$\phi 400\sim450$mm、桩长为 40m 左右的桩基工程。

大吨位的压桩机压桩穿透力强,适用的土层广泛,桩的承载力得以充分利用,但是,大吨位的压桩机也存在如下问题:①自重大、接地压力大,会在某些软弱土场地上发生陷机;②配重不好安置,进出场运输困难等。所以,有学者认为:压桩机的最大重量不应无限增大,其压桩能力应控制在一定范围内,要与土质条件及桩的承载力相匹配。施工单位在选择压桩机械时应统筹考虑。

1.3   静压桩施工工艺

1.3.1   施工流程

静压桩首先要预制,然后是沉桩。静压桩沉桩工序为:测量定位 → 压桩机就位调平 → 将管桩调入压桩机夹持腔 → 夹持好管桩对准桩位调直底桩 → 静压沉桩到底桩露出地面 2.5~3.0cm 时,吊入上节桩与底桩对齐,夹持上节桩将底桩压倒露出地面 60~80cm→ 调整上节桩,与底桩对中 → 电焊焊接接头 → 再静压沉桩再接驳,直至需要深度,或达到一定的终压力值,必要时适当进行复压 → 将露出地面阻碍压桩机行走的桩头截去,一般情况下,终压前用送桩器将工程桩桩头压到地面以下 [5]。这里主要从桩型选择、接桩方式、压桩施工等方面作简单介绍。

1. 静压法沉桩的桩型选择

只要能承受住桩顶的压力,预制方桩的断面大小关系不大,但要结合土层条件,有时要满足承载力而土层条件又不易压到该持力层,则要加大断面,此外为节约,可选用空心方桩,只要断面积足以承受压入力。有时为防止桩距过密,减少挤土影响及容易压入,可选大断面桩,使桩数减少,桩距拉开。

2. 静压法沉桩的接桩方式

静压桩的桩头,一般均是由多节连接成的。因此,桩的连接也是一项关键工序,目前都是电焊或浆锚连接。

1) 电焊接桩

由于沉桩没有冲击力,对接头的抗冲击性无要求,相应电焊节点的用钢量亦较少。图 1-3 为接头大样,在桩端四角,预埋 63×6 的角钢四根 (需与主筋焊牢),在沉桩过程中接桩时,以四块 $L50\times5$,长为 200mm 的角钢,焊于四角,连成整体。只要角钢搭接部分能密贴满焊,一般是不会发生接头处断开的。

2) 浆锚接桩

浆锚接桩的节点大样见图 1-4。该节点的下部分 (下节桩) 有 4 个预留孔。上节桩的四根锚筋插入之前,灌入硫磺胶泥,紧接着插入上节桩的锚筋,待一定时间

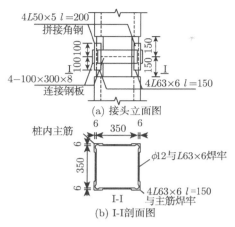

图 1-3　电焊接头（单位：mm）

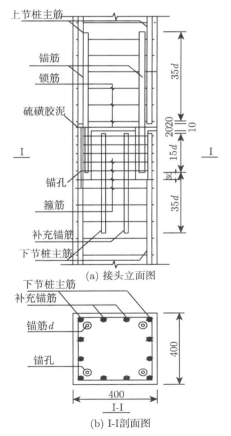

图 1-4　浆锚接头（单位：mm）

后，硫磺胶泥凝固，上下节桩便连成一体，即可徐徐将桩压入。这种接头比电焊接头要省钢材。硫磺胶泥的配比、熬制要求、灌注要求、冷却时间等有严格要求，可参见有关规范。要强调的是必须按要求的操作规程施工，否则严重影响接桩质量，曾有过按接头上节桩被拔出的现象，主要是冷却时间不够，在未凝固状态下，即进行压桩，使锚筋受力或扰动，胶泥对锚筋几乎无握裹力。另一点是环境污染，尤其在市中心、居民集中区，不宜采用浆锚接桩，因大量 SO_2 气体进入大气，对人们的身体健康及建筑物的腐蚀等，常引起纠纷。也正是此原因，目前已很少采用这种接桩方式。

3. 压桩施工

(1) 施工准备。除了对出厂的成品桩做检验、堆场做平整外，主要工作应放在选择合适的压桩架上，桩架选择得当，可保证桩头顺利压到标高，而且也不敢因设备过大而经济上不合理。至于如何做到选择得当，最主要的是凭借当地经验，公式 (1-1) 也可作参考，但范围过大。有经验的施工人员，应根据地质资料提供的参数，如静力触探的 P_s 值、压缩系数、孔隙比等选择。如有砂层或硬土层需穿越，则还应掌握砂层厚度，只有将这些数据综合分析，最终才能确定合适的桩架。

$$P = KQ \tag{1-1}$$

式中，P 为桩的极限承载力 (kN)；Q 为压桩机的压入力 (kN)；K 为与土层有关的系数，高压缩性黏土为 1.5~3.0，砂性土为 1.0~1.5。

(2) 场地要求。压桩架不同于打桩架，由于全靠自身重量将桩压入，桩架的自重达数百吨，尽管有些桩架其接地部分有较大的接触面积，但在软弱的地层上，仍不能轻易待之，尤当压桩长度较长、桩架配重较重时，对现场场地必须校核其承载力，必要时作处理。

(3) 沉桩过程中，应注意保持桩处于中心受压状态，如有偏移应及时调整，以免发生桩顶破碎和断桩质量事故。

(4) 接桩时必须保持上下节桩的轴线一致，并尽量缩短接桩时间，否则阻力恢复较多，会使压桩失败。采用电焊接桩，应两人同时对角对称地进行，焊缝应连续饱满，桩端处间隙应填充密实。采用浆锚法接桩，必须确保胶泥的冷却时间，然后方能施压。

(5) 沉桩过程中，如果遇到沉不下时，切莫硬压，要认真分析原因，以便采取恰当措施，否则容易损坏设备，桩顶也易压碎。

1.3.2 施工常见问题

1) 沉桩倾斜与突然下沉

插桩初压即有较大幅度的桩端走位和倾斜，虽经采取强制固定措施，仍不见效。遇此情况，必定在地面下不远处有障碍物，如旧建筑物的基础、大块石或各种管道等。某工程，在静力压桩时，几次插桩均倾斜，挖土检查，发现在拆除老厂房时，条形砖基础没有完全清除即行回填土，而桩端正好位于此砖基边上。桩位处旧墙基砖块因插桩受压，已明显倾斜。最后只得挖除墙基，重新回填土后压桩。

沉桩过程中，桩身倾斜或下沉速度突增。此种现象多为接头失败、跑离或桩身断裂所致。当桩身弯曲或有严重的横向裂缝、接桩顶面有较大的倾斜、桩尖倾斜过大以及混凝土强度等级不够等，容易引起此种质量事故。遇此情况，一般在靠近原桩位作补桩处理。某工程，因预制桩混凝土质量较差，又在运输及现场吊运中产生不同程度的横向裂缝，施工时曾有四根桩发生倾斜和突然下沉，均作了补桩处理。对于在沉桩过程中因卷扬机或液压千斤顶不同步而引起的临时倾斜，可随时调整机具工作速度，予以纠正。

2) 桩尖达不到设计标高

在压桩施工中，发生桩不能沉入到设计标高的情况。若是普遍现象，则应认为是地质资料或钻探资料不全面，而错定了桩的长度。如个别少数桩沉不到设计标高，其原因一般有下列两点：

(1) 桩尖碰到了局部的、较厚的夹砂层或其他硬层；

(2) 桩体质量不符合设计要求。

如混凝土强度不够，承载不了太大的静压力。在施工时，当桩尖遇到性状较好的土层，若继续施压，则往往发生桩顶混凝土压损破坏，桩身混凝土跌落，甚至桩身断裂而无法将桩下沉至预定标高。某工程，共有桩 469 根，为空心钢筋混凝土预制桩，截面 40cm×40cm，由三节 8m 组成，全长 24m。最小桩距 1.2m，设计桩尖需进入灰绿色粉质黏土层（$\omega = 23.8\%$，$\gamma = 19.7\text{kN/m}^3$，$e = 0.72$，$R = 200\text{kPa}$，$\varphi = 16°$）。因桩身质量较差，虽经采取措施，终因混凝土强度不够，桩顶破损，最后仍有 14 根桩不能达到设计标高。

3) 中断沉桩时间过长

主要由于设备故障或其他特殊原因，致使一根桩在压入过程中突然中断，若延续时间过长，施工阻力增加，使桩无法下沉到设计标高。某工程，桩截面 40cm×40cm，长 24.5m，由 8m、8m、8.5m 三节组成，送桩深度为 2.9m，入土总深为 27.5m，设计桩尖进入暗绿色硬黏土层。有一根桩压入深度为 23.4m 时，桩尖已进入灰色粉质黏土层（$\varphi = 21.5°$，$\omega = 31\%$，$\gamma = 18.9\text{kN/m}^3$），因一台卷扬机发生故障，停工抢修 2.5h 后，继续施工，桩已无法下沉。

4) 接桩时，桩尖停留在硬层内

由于接桩操作需停止施工一段时间，如果准备不充分，或电焊仅一人操作，时间拖长后，如上例提及的摩擦阻力恢复很快，加之桩尖正在硬层内，都会使压桩阻力提高，如压装机无潜力，必然导致不能继续沉桩。因此，在确定分节长度时，不要使接桩操作发生在桩尖处于硬层的情况。当然，加快架接桩过程也是必要的。当发生桩压不下去时，还可用振动器辅助沉桩，以弥补沉桩设备的压力不足，但对于松散砂层有时会有相反结果，要适当注意。

5) 静压桩的挤土效应

静压管桩属于挤土桩，沉桩时使桩四周的土体结构受到扰动，改变了土体的原始应力状态，导致挤土效应的产生。可见，静压桩施工虽然在较大程度上解决了桩基础施工振动的影响，但挤土效应对周边环境的影响仍是一个不可忽略的问题。这些问题的主要表现是：对建筑物周围的管线挤压破坏，对周围的建筑物、道路、河岸、防汛堤坝因挤压而产生裂缝、隆起、坍塌、沉陷、位移等。不仅如此，桩机施工过程中焊接时间过长；桩的接头较多而且焊接质量不好或桩端停歇在硬夹层；施工方法与施工顺序不当，每天沉桩数量太多、压桩速率太快、布桩过多过密，都容易进一步加剧挤土效应。

1.3.3 《建筑桩基技术规范》规定

《建筑桩基技术规范》(JGJ 94—2008) 中关于静压沉桩施工的要求如下 [6]：

(1) 采用静压沉桩时，场地地基承载力不应小于压桩机接地压强的 1.2 倍，且场地应平整。

(2) 选择压桩机的参数应包括：压桩机型号、桩机质量 (不含配重)、最大压桩力等；压桩机的外形尺寸及拖运尺寸；压桩机的最小边桩距及最大压桩力；长、短船型履靴的接地压强；夹持机构的形式；液压油缸的数量、直径，率定后的压力表读数与压桩力的对应关系；吊桩机构的性能及吊桩能力。

(3) 压桩机的每件配重必须用量具核实，并将其质量标记在该件配重的外露表面；液压式压桩机的最大压桩力应取压桩机的机架重量和配重之和乘以 0.9。

(4) 当边桩空位不能满足中置式压桩机施压条件时，宜利用压边桩机构或选用前置式液压压桩机进行压桩，但此时应估计最大压桩能力，减少造成的影响。

(5) 当设计要求或施工需要采用引孔法压桩时，应配备螺旋钻孔机，或在压桩机上配备专用的螺旋钻。当桩端持力层需进入较坚硬的岩层时，应配备可入岩的钻孔桩机或冲孔桩机。

(6) 最大压桩力不得小于设计的单桩竖向极限承载力标准值，必要时可由现场试验确定。

(7) 静力压桩施工的质量控制应符合：第一节桩下压时垂直度偏差不应大于 0.5%；宜将每根桩一次性连续压到底，且最后一节有效桩长不宜小于 5m；抱压力不应大于桩身允许侧向压力的 1.1 倍。

(8) 终压条件应符合：应根据现场试压桩的试验结果确定终压力标准；终压连续复压次数应根据桩长及地质条件等因素确定。对于入土深度大于或等于 8m 的桩，复压次数可为 2~3 次；对于入土深度小于 8m 的桩，复压次数可为 3~5 次；稳压压桩力不得小于终压力，稳定压桩的时间宜为 5~10s。

(9) 压桩顺序宜根据场地工程地质条件确定，并应符合：对于场地地层中局部含砂、碎石、卵石时，宜先对该区域进行压桩；当持力层埋深或桩的入土深度差别较大时，宜先施压长桩后施压短桩。

(10) 压桩过程中应测量桩身的垂直度。当桩身垂直度偏差大于 1% 时，应找出原因并设法纠正；当桩尖进入较硬土层后，严禁用移动机架等方法强行纠偏。

(11) 出现下列情况之一时，应暂停压桩作业，并分析原因，采取相应措施：①压力表读数显示情况与勘察报告中的土层性质明显不符；②桩难以穿越具有软弱下卧层的硬夹层；③实际桩长与设计桩长相差较大；④出现异常响声，压桩机械工作状态出现异常；⑤桩身出现纵向裂缝和桩头混凝土出现剥落等异常现象；⑥夹持机构打滑；⑦压桩机下陷。

(12) 静压送桩的质量控制应符合：测量桩的垂直度并检查桩头质量，合格后方可送桩，压、送作业应连续进行；送桩应采用专制钢质送桩器，不得将工程桩用作送桩器；当场地上多数桩的有效桩长 L 小于或等于 15m 或桩端持力层为风化软质岩，可能需要复压时，送桩深度不宜超过 1.5m；除满足本条上述规定外，当桩的垂直度偏差小于 1%，且桩的有效桩长大于 15m 时，静压桩送桩深度不宜超过 8m；送桩的最大压桩力不宜超过桩身允许抱压压桩力的 1.1 倍。

(13) 引孔压桩法质量控制应符合：引孔宜采用螺旋钻；引孔的垂直度偏差不宜大于 0.5%；引孔作业和压桩作业应连续进行，间隔时间不宜大于 12h；在软土地基中不宜大于 3h；引孔中有积水时，宜采用开口型桩尖。

(14) 当桩较密集，或地基为饱和淤泥、淤泥质土及黏性土时，应设置塑料排水板、袋装砂井消减超孔压或采取引孔等措施。在压桩施工过程中应对总桩数 10% 的桩设置上涌和水平偏位观测点，定时检测桩的上涌量及桩顶水平偏位值，若上涌和偏位值较大，应采取复压等措施。

(15) 对于预制混凝土方桩、预应力混凝土空心桩、钢桩等压入桩的桩位允许偏差，应符合表 1-7 的规定。

表 1-7　打入桩桩位的允许偏差　　　　　　　　　（单位：mm）

项目		允许偏差
带有基础梁的桩：	(1) 垂直基础梁的中心线	$100+0.01H$
	(2) 沿基础梁的中心线	$150+0.01H$
桩数为 1~3 根桩基中的桩		100
桩数为 4~16 根桩基中的桩		1/3 桩径或边长
桩数大于 16 根桩基中的桩	(1) 最外边的桩	1/3 桩径或边长
	(2) 中间桩	1/2 桩径或边长

注：H 为施工现场地面标高与桩顶设计标高的距离。

1.4　静压桩施工引起挤土效应的工程案例

虽然预制静压桩施工以其噪声低、振动小、高效快捷等优势在城市开发建设中得到广泛应用，但施工时极易产生挤土效应，对周边环境产生不利影响，而且静压桩施工对周围环境影响的工程实例也较多，下面列举了一些文献报道，主要是近年来具有代表性的关于静压桩施工引起挤土效应，进而对周围工程环境产生不利的影响。

王敏、虞青[7] 报道了由于静压桩施工造成距离 12.6 m 的已建车间墙体开裂，地面开裂隆起事故。通过具体工程实例，分析了工程防挤措施的方案选择、事故发生、原因分析及问题解决的实施过程，总结了一些经验教训。陶红雨等[8] 结合工程实际情况，论述了在静压桩施工中对周围建 (构) 筑物的影响，发现静压桩施工对周围墙体和排水、煤气、电力管线产生影响，造成开裂事故等。吴庆润[9] 结合某综合楼桩基施工实例，理论分析了该静压群桩施工对附近管线、大型广告牌、城市主干道的影响，并与监测结果进行对比。杨成明、潘星[10] 提到在南京金陵饭店 (37 层) 施工中，当中央塔楼下 64 根桩沉桩施工完成后，发现场地两侧隆起 44cm，桩上浮 2cm，最大上浮为 7.3cm，桩顶水平位移 26.5cm；南京长江大厦采用挤土桩基础，施工中也发现将其西侧人行道抬起，围墙发生了倾斜。林金错[11] 以某层框架结构建筑为例，分析了静压桩施工对周边建筑影响。该工程由于在施工初期未引起足够的重视，致使周围民房墙体出现较多裂缝，然后从施工措施上通过多种方法，控制了静压桩对周围建筑物的过大影响。杨龙才等[12] 结合上海某住宅小区软黏土地层的打入桩施工工程，采用弹性地基梁理论对地下管线的变形控制值进行计算分析，并通过无限长小孔扩张原理对打入桩施工对引水渠的影响进行了计算，在此基础上提出了采用卸压孔对引水渠进行保护，并对在打桩施工过程中引水渠的变形进行了监测分析。陈挺杉[13] 结合工程实例，从理论出发，提出如何分析静压桩施工对邻近原有建筑的影响及采取相应的加固措施。文献提出某道路的静压桩施工中，附近建筑物东端有细微裂缝并逐步发展开裂延伸。

厦门某安置房工程桩基采用预应力静压桩施工[14]，根据工程勘察报告，工程场地为缓坡残丘剥蚀地貌，地面起伏不平，场地等效剪切波速为 255~261m/s，卓越周期为 0.36~0.4s，土体遇孤石率 1.7%。桩基施工采用 2 台 ZYJ800 型液压桩机，实际总配重 500t，按试桩确定的参数，终压力按 4800kN，复压力按 4500kN 进行预应力管桩静压施工。设计采用 PHC500-125-AB 型 C80ϕ500 静压预应力管桩基础 (兼抗拔桩)，以散体状强风化花岗岩为桩端持力层，设计桩长 30m，单桩竖向 (抗拔) 极限承载力标准值 3800kN(1100kN)，总桩数 1740 根。施工场地南侧和西侧 (最近距离约 15m) 为 2~3 层的简易厂房或 2~4 层砖混结构民房，基础采用天然浅基础。经一段时间施工，压桩数量达 200 多根时，毗邻施工现场一侧的村庄地面和民房出现不同程度的挤土效应和振动效应，村民制止桩基继续施工，工期延误。经现场调查：村庄邻近场地的路面和民房底层出现地面上拱；村庄围墙出现裂缝和轻微位移；村庄南侧多数民房 3~4 层的门框角、墙面、顶棚等处出现不同程度裂缝。

武汉市某住宅小区，密集满堂打入式 PHC 管桩 (φ500) 共 600 余根桩 (图 1-5)。施工后期，压桩使两侧已建成的 11~12 层小高层楼邻近部位上抬 20~30cm，以致产生大量倒八字裂缝，发展延伸至 3~4 层外墙体表面和内墙。后在基础边缘外设置适量的应力解除孔，方转危为安。

上海地区分布大量的软土，打入桩是桩基施工采用的主要方式之一，经常对邻近结构产生不利的影响，表 1-8 列出了上海地区打入桩引起的房屋破坏实例，可以看出，挤土桩在饱和软黏土中的挤土效应而造成的危害是较为严重的。

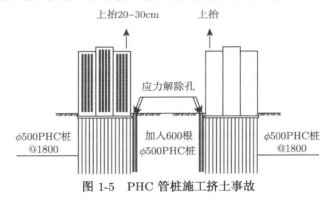

图 1-5　PHC 管桩施工挤土事故

表 1-8　上海地区打入式预制桩对邻近结构的影响

序号	工程名称	工程概况	地质条件	影响条件
1	上港二区筒仓粮库	桩区平面尺寸 35.2m×69.4m，450mm×450mm 方桩，长 80.7m，总桩数 679 根，桩距 1.9m，打入桩	桩尖进入褐黄色黏土夹粉细砂	隆起：桩区内外土体总隆起量约为桩总体积的 40%；最大隆起量为 50cm，桩外 15m 处隆起 30cm，22m 处为 10cm，25m 外仍有 5cm，桩隆起约为 12cm；水平位移：桩区边5m 处最大位移量 40~45cm，桩区外 25m 处约为 15cm，影响范围可达 70m；超静水压：桩区内最高达1.4 倍上覆土重，孔隙水压随深度增加，20m 处超静水压有 0.5 倍上覆土重；现象：桩区外5m 处有长 10m 多、宽达 13cm 裂缝，在 50cm 外混凝土地面有长 2~3m、宽 0.5cm 裂缝

序号	工程名称	工程概况	地质条件	影响条件
2	吴泾冷库	桩区平面 76m×42m，450mm×450mm 方桩，长 25m，打入桩。总桩数 756×2，桩距 1.4m	上部软黏土，桩尖进入暗绿色黏土 0.5～1.0m	隆起：打完桩后桩区中心土体隆起 70～80cm，桩隆起 10～12cm；现象：邻近约20m 外某仓库受到影响，其地面裂缝有所展开，行车行走困难，需要调整
3	大名饭店	占地 550m²，采用 400mm×400mm 方桩，长 27m，总桩数 236 根，压桩	桩尖位于粉质黏土层	现象：邻近房屋出现地坪开裂，墙体裂缝，粉刷脱落，门窗开闭困难，其在桩区邻近 30～40m 外的房屋受到明显影响
4	闸北电话局机务大楼	占地 10.8m×53.8m，450mm×450mm 方桩，长为 24m 及 27m 两种，打入桩	淤泥质黏土及亚黏土，桩尖进入粉质黏土层	现象：邻近房屋出现地坪开裂，墙体裂缝，粉刷脱落，门窗开闭困难，其在桩区邻近 30～40m 外的房屋受到明显影响；本项目工程费用约 28 万元，而由于影响邻近房屋，修理赔偿约 40 万元
5	打浦路桥高层	400mm×400mm 方桩，压桩	桩尖进入粉质黏土层	50m 处房屋开裂，10m 左右地面开裂，宽度约 5cm
6	宝钢宾馆	450mm×450mm 方桩，长 25m，场地 119m×15.2m，打入桩	桩尖进入粉质黏土层	在基础开挖后测量，桩位水平及垂直方向均发生了较大偏移，其中水平偏移量达 39cm，垂直向桩被抬起约 40cm，严重影响了原基础平面
7	上海宾馆	场地 46.1m×88m，450mm×450mm 方桩，桩长 40.5m，打入桩	桩尖进入粉质黏土层	在基础开挖后测量，桩顶最大水平位移达 44cm，一般多在 15～20cm

1.5　静压桩施工对周围环境影响的研究

静压桩施工引起的挤土效应问题早已引起人们的关注，国内外已有许多工程技术专家对其进行了研究，但由于沉桩荷载传递机理涉及的因素较复杂，如桩土间的接触、滑移和摩擦效应，桩尖土体的压密和开裂，其中包含几何大变形、材料非线性及接触面非线性等一系列复杂的问题，故目前此问题仍困扰着人们。到目前为止，挤土效应的研究内容主要涉及以下几个方面：

(1) 沉桩时桩周土和桩端土产生的应力、应变、位移及其超静孔隙水压力的研究；

(2) 沉桩时桩侧和桩端阻力的计算研究，即如何合理估算压桩力；

(3) 沉桩完毕，土的工程力学性质随时间变化的研究，即土体触变性的研究；

(4) 沉桩完毕，土中超静孔隙水压力随时间消散规律的研究，即土体固结问题；

(5) 沉桩后桩基承载力随时间增长规律的研究，即承载力时效的研究。

　　近年来，随着城市建设事业的发展和人们对环境保护意识的增强，静压沉桩挤土效应及其对周围环境的影响吸引了更多的注意力，有关这方面的研究已成为人们关心的一个课题。从研究方法来看，主要包括理论研究和试验研究两大类方法，其中，用理论来研究沉桩引起的桩周土体的应力状态变化、孔压的产生和消散、桩周土体的强度变化、桩的极限承载力的变化以及沉桩挤土效应等现象由来已久，从20世纪70年代起，国内外在这方面做了不少工作，比较经典的主要有以下三种方法：圆 (球) 孔扩张法、有限单元法、应变路径法。试验研究包括现场实测和室内模型试验，研究内容涉及静压沉桩引起的桩周土体超静孔隙水压力以及土体位移的影响，还有对土体剪切强度、桩身承载力的影响，等等。这里，静压桩施工引起的挤土效应问题研究不再一一阐述，具体详见相关文献资料。

　　从研究范围看，不仅包括挤土效应对周围土体变形、孔隙水压力等影响的研究，近年来挤土效应对周围工程环境(如地下管线、隧道、基坑、道路、高架桥等)影响的研究也越来越多。因为挤土效应的影响主要体现为挤土效应对周围土体的位移、应力状态变化、孔隙水压力的产生和消散规律等方面，这些对相邻建 (构) 筑物、市政道路、地下管线等周围环境具有不可忽视的影响，但由于问题的复杂性，基本忽略了挤土效应和周围工程环境的相互作用，实际上，这才是研究挤土效应的最终目的。因此，近年来，一些学者初步开展了这方面的研究工作，这里对静压沉桩挤土效应对周围环境影响的研究现状作系统介绍。

　　王浩等[15]采用数值方法对表面约束下的沉桩挤土效应进行了研究，并以道路约束为例，讨论了不同宽度道路以及道路与浅基础共同约束时，对沉桩挤土引起的地表隆起及水平位移的影响。研究发现，道路的存在极大地约束了地表的水平位移，并改变了水平位移随深度的变化模式；道路的约束使地表隆起最大点在一定条件下后退至道路与桩区相对的一边，并使挤土对地表隆起的影响程度加剧，同时使挤土影响的波及范围增大；随着水平挤土量的增大，道路两边隆起变化的斜率也在增大，两边的隆起差值变大；道路的作用使距道路不远处的浅基础房屋隆起增大，加剧了房屋的倾斜。

　　陈军等[16]建立了静压沉桩全过程的三维差分数值分析模型，研究了沉桩挤土对既有隧道位移和附加内力的影响规律，随着隧道与桩距离的增加，隧道结构位移和内力呈指数衰减，并以静压桩挤土效应引起的附加弯矩和隧道原弯矩的比值为指标，量化表示沉桩挤土对既有隧道的危害程度。提出在桩与既有隧道之间设置隔墙以减小静压沉桩施工对既有隧道的危害的具体施工措施。给出隔墙施工参数与附加弯矩和隧道原弯矩的比值的关系图。

　　吕全乐等[17]采用静压沉桩三维实体模型，综合考虑了桩、路面与土体的摩擦以及大变形、非线性等因素，使之更加符合实际工程，在无道路和存在 5m 宽道路两种情况下，分别进行静力压桩数值模拟，分析了两种情况下土体位移的变化以及存在道路时路面板的位移及应力变化。结果表明，存在道路情况下，地表土体水平位移减小，而深部土体水平位移增大；有路情况下土体竖向位移较无路情况下发生了较大变化；路面板在近桩端下沉，远桩端上翘等。

杨明虎[18]结合实际工程，应用有限元法分别研究静压桩施工对既有客运专线路基、桥梁的影响，总结静压桩施工对既有专线影响作用规律。在此基础上应用对比分析的研究方法，研究不同压桩顺序、是否设置防挤沟等不同状况下静压桩施工对既有专线影响。探讨减少静压桩施工时对既有专线影响的措施与邻近既有专线静压桩施工监控方法，为实际工程中对既有专线的监控工作提供参考。

郭旸[19]现场观测了静压桩施工过程中地下人防工程底板和外墙的位移、应力及表面裂缝，并对地下人防工程在沉桩过程中影响最大一跨的墙板以及底板的挠度应力进行理论计算，并与实际观测值进行对比，最后，基于圆孔扩张理论，采用有限元方法，依次分析了静压桩施工对土体竖向位移、地下人防工程的墙体位移和应力以及底板的挠度和应力的影响。

蒋辉等[20]利用 ABAQUS 提供的一种自适应网格划分技术——ALE 法建立二维有限元模型，分析挤土桩在施工过程中对已建邻近隧道结构位移的影响，并对挤土桩的入土深度和不同桩与隧道净距两种情况分别进行讨论。结果表明，在挤土桩施工过程中，隧道逐渐产生隆起现象，同时产生背离桩身水平位移也逐渐增大；挤土桩与隧道的水平净距以 4 倍隧道直径为临界点，对隧道附加竖向位移的影响逐渐减小，而附加水平位移几乎成线性减小的趋势。

吴春武[21]结合金温铁路扩能改造工程，采用有限元方法，研究了静压群桩施工对既有线路基水平位移、竖向位移和水平应力的影响，进而分析了应力释放孔对挤土效应的影响，然后，分析了静压群桩对高速铁路桥梁箱梁受力状态和下部结构位移的影响规律。

秦世伟等[22]基于圆孔扩张理论运用 FLAC 3D 有限差分软件模拟了静压桩沉桩挤土过程并对土体位移的数值模拟结果与解析解计算结果进行了对比，二者的计算数值与变化趋势吻合得较好。在此基础上，运用位移贯入法模拟沉桩的摩擦作用，使沉桩全过程的计算结果更趋近于实际情况，基于此数值模拟方法，分别计算分析了沉桩深度为 4m、8m、12m、16m、20m 的沉桩行为对邻近隧道的变形与内力影响。结果表明，静压桩沉桩对邻近隧道的变形有较明显的影响，随着沉桩深度的增加，隧道结构位移也随之增大，且以水平位移为主，当沉桩深度达到 20m 时，隧道结构最大位移为 11.55mm；沉桩过程亦使隧道产生一定的扭转。

饶平平等[23,24]采用离散单元法二维颗粒流程序 (PFC 2D)，克服传统的连续介质力学模型的宏观连续性假设，研究沉桩过程中斜坡土体的挤土位移场变化规律，采用改装后的静力触探仪作为沉桩加载设备，对邻近斜坡沉桩挤土进行试验研究。数值计算结果表明，随着桩体的不断沉入，斜坡挤土位移影响范围越来越大，斜坡土体的位移模式也不断发生变化，紧邻桩身以及靠近桩端范围内的土体，在桩体径向挤压以及桩侧摩擦的共同作用下，产生了向下的位移，而桩身一定距离以外的土体，受地表及倾斜自由边界的影响，表现为竖向隆起位移；当沉桩至斜坡底面以下深度时，后续沉桩对斜坡的挤土位移影响不大；试验研究结果则揭示了邻近斜坡沉桩挤土力学响应与坡体变形的内在机理。

张磊等[25]基于实际工程背景，结合 FLAC 3D 有限元软件，基于圆孔扩张理论，模拟挤土效应对周围管道的影响，分析挤土效应的作用规律和静压桩沉桩过程对管道的影响，合理设置应力释放孔，并结合现场监测数据，证明设置应力释放孔能削弱挤土效应，起到了有效保护管道的作用。

解廷伟等[26]根据温州市灵昆三期标准堤某市政地下排污管保护工程，采用ABAQUS 有限元软件，建立了静压桩沉桩过程中排污管动力响应数值计算模型，分析了单桩及群桩沉桩过程中排污管的位移变化，结果表明，静压桩单桩沉桩过程中引起地下排污管位移存在临界沉桩深度，对水平位移影响的临界沉桩深度为0.5~2.25 倍排污管埋深；对竖向位移影响的临界深度为 1.0~3.0 倍排污管埋深。在临界沉桩深度范围内，排污管位移快速增大，沉桩深度大于临界深度时，静压桩沉桩对地下排污管的影响较小。沿排污管两侧布置群桩，群桩的施工顺序对地下排污管位移影响较大，群桩沿 "Z" 字形施工引起的排污管位移最小。

陈晓平[27]采用 PLAXIS 有限元软件，模拟分析了侧限条件下沉桩挤土对侧限边界的挤土效应，并将柱孔扩张理论代入实际工程，通过理论计算得到邻近挤土桩施工对基坑产生的附加应力，再附加到 PLAXIS 建模分析基坑变形中，通过有限元建模分析基坑开挖施工时的基坑变形情况，对比实测数据并进行分析。

另外，还有一些工程技术人员[28~30]以实际工程为例，采用现场监测方法，对静压桩施工挤土效应对周围具体工程环境 (如建筑物、地下管线等) 的影响进行了分析，并提出了减缓或避免挤土效应的有效措施。

第 2 章　静压桩施工的挤土机理分析

2.1　静压桩沉桩机理综述

静压桩施工时，桩的贯入造成了桩周土颗粒的挤压和运动，使桩周土体产生变化，原状土的初始应力状态受到破坏。一般认为，首先是桩尖下的土体受压缩而变形，对桩尖产生阻力，随着桩贯入阻力 (即压桩力) 的增大，桩尖处土体所受的压力超过其抗剪强度时，土体会发生剧烈变形直至达到极限破坏。这种极限破坏对黏性土产生塑性流动，对砂性土产生挤密侧移和向下拖拽 [31]。原来处于桩尖下的土体被向下和向外挤开，桩继续贯入到下层土体中。

静压桩在贯入土层中时，桩周土体会受到剧烈的挤压，桩尖首先直接使土产生冲剪破坏，孔隙水受此冲剪挤压作用形成不均匀水头，产生急剧上升的超孔隙水压力，扰动了土体结构，这种破坏和扰动随着桩的贯入会连续不断地向下传递，使桩周一定范围内的土体形成塑性区，如图 2-1、图 2-2 所示，从而很容易使得桩身继续贯入。压桩的阻力大部分来自桩尖向下穿透土层时直接冲挤桩端土体的端阻力，其余来自桩侧的滑动摩阻力。压桩阻力并不一定随桩的入土深度的增加而累计增大，而是会随着桩尖处土体的软硬程度不同等因素变化波动。

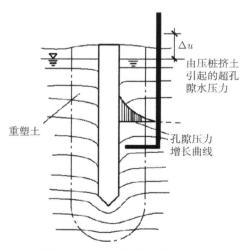

图 2-1　静压桩塑性区剖面示意图

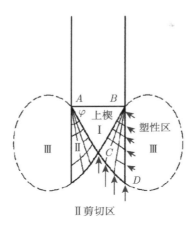

图 2-2 桩尖下假设的破坏图形

桩在同一软黏土层中下沉时,当桩的入土深度增加到某个定值后,沉桩阻力将逐渐趋向常值,不再随桩入土深度的增加而增大。当桩穿透较硬土层进入较软土层时,沉桩阻力将随着桩入土深度的增加反而明显减小,这主要是桩尖阻力的急剧降低所致。可见,桩尖上的土阻力反映桩尖处附近范围内土体的综合强度特性,这一范围的大小决定于桩的尺寸和桩尖处土体的破坏机理,它与桩尖附近处土层的天然结构强度和密度、土层的分布厚度和排列情况、桩尖进入土层的深度等多种因素有关。大量工程实践表明,对于黏性土和非黏性土,静压桩在施工过程中的桩端阻力变化规律以及后期承载力变化情况不尽相同。

因此,由于黏性土与砂土的颗粒摩擦、渗透性、结构性及排水条件不同,所以沉桩机理的表现形式也不尽相同[32],下面分别讨论之。

2.1.1 黏性土中的静压沉桩特性

在黏性土中沉桩时,压桩阻力主要来自桩尖向下穿越时冲剪土体产生的阻力,而此时的桩侧阻力比较小。当桩尖穿越不同土层时,压桩阻力会发生突变。桩尖处在某一土层中时,压桩阻力基本保持不变或略有波动。压桩后随时间推移,单桩承载力显著提高。

后期承载力增加主要是因为:①土的触变时效。施工初期,桩周土经沉桩挤压,土体产生裂缝,土中的部分吸附水变成自由水,强度降低。而在施工完成以后,土粒、离子和水分子体系,随时间推移而逐渐趋于新的平衡,土体建立新的结构,使损失的强度随时间的推移逐步恢复。②固结时效。压桩完成以后,沉桩引起的超孔隙水压力逐渐消散,同时桩侧土在自重应力和沉桩扩张应力的共同作用下固结,土的有效应力和密实度逐渐增大,强度逐渐恢复甚至超过其原始强度。③桩周一小部分土体由于受竖向剪切和径向挤压而完全重塑。这使桩在贯入时阻力变小,但随时间推移,这部分土体的剪切强度会慢慢提高,最终大于外围的土体剪切强度,形成了附着于桩表面的一层"硬壳",相当于增加了桩体产生摩擦承载力的表面积,从而使桩侧摩阻力显著增长。

　　Seed 和 Eide 等研究发现 [33,34],桩打入黏性土后,超孔隙水压力逐渐消散,导致桩土间的有效应力增加,桩的承载力会随时间而增加,如图 2-3 所示。表 2-1 给出了不同地区静压桩在黏性土中的承载力增长情况 [35]。

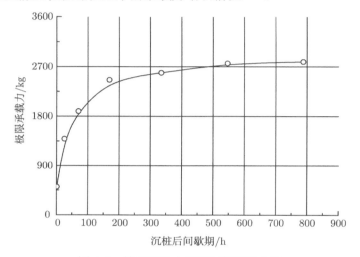

图 2-3　桩基承载力随时间的增长曲线

表 2-1　黏性土中静压桩承载力增长情况

地区	桩型	入土深度/m	承载力增长情况
中国上海	—	—	1 年以后增长了约 10%
丹麦冰碛	圆木桩 ϕ43cm	16.0	刚入土时极限承载 97t,入土7d为108t,入土28d为130t
美国圣弗朗西斯科	ϕ15cm 的钢管桩	4.5	入土 33d 的承载力是入土 3h的5.4倍,是入土7d的1.2倍
中国天津	钢筋混凝土预制桩	10.0	入土 240d 的承载力为 42d 的 1.37 倍
	截面为 45cm×45cm	17.5	入土 210d 的承载力为 14d 的 1.42 倍
日本横滨	钢管桩 ϕ30cm	6.6	入土 28d的承载力比入土 2h的承载力增长 1.5 倍

　　表 2-2 为连云港某工程静压桩的承载力增长情况。连云港地区是我国典型的软黏土场地,从中可以看出,该工程施工完成后静压桩的单桩承载力比施工阶段的终压荷载提高了许多。

表 2-2　某工程静压桩承载力增长情况

桩号	设计单桩承载力/kN	施工终压荷载/kN	静载试验最大荷载/kN	承载力增长
20#	750	810	1500	>1.23
55#	750	830	1500	>1.31
103#	750	790	1500	>1.14
149#	750	870	1500	>1.57
172#	750	900	1500	>1.68

2.1.2　砂土中的静压沉桩特性

在砂性土地层中沉桩引起的超孔隙水压力不高，而且很快消散。沉桩的影响主要表现在对土体强度的两种效应上：强化效应和松弛效应。对强化效应，一种观点认为在桩打入天然砂层时，挤开并扰动了桩周围区域的土。如果砂层被扰动的同时又被挤密，则会产生超静孔隙水压力，并使有效应力下降，从而相应降低了贯入阻力。同时，在透水性较强的砂层中，这些超静孔压的消散是很快的，最长也不过几分钟，在超静孔压消散的同时，有效应力增大而使土体的强度得到提高；另一方面，挤密作用也使砂性土的强度得到提高。另一种观点则考虑到土体强度的提高不是发生在初始阶段，而是在以后的几天到几十天内有效应力不变的情况下发生的。所以，认为这一效应与砂层中的石英、非结晶硅等化合物的溶解和凝结以及粒间胶结的建立等因素有关。国外实验试验表明，挤土桩的承载力会由于强化效应而提高 40%~80%。

除了强化效应，还有一种松弛效应，即当打入土层的桩达到一定数量后，土体有了较高的相对密实度，随后再打入的桩的承载力将会随时间而下降。对松弛效应而言，主要是由于群桩的施工而使土体挤密到较密实的状态，并在土层中积累了相当大的横向有效应力，从而使后期桩施工时土层在剪切变形过程中产生松弛，并出现剪胀，产生负的孔压。负的孔压随时间消散而使有效应力下降，引起松弛效应。

在砂土层中沉桩时，压桩阻力不仅随桩端所进入的不同砂层而变化，而且在同一砂层中，压桩阻力也是随深度增加而增大。由于砂层的渗透系数较大，沉桩产生的孔隙水压力能迅速消散，所以压桩阻力主要是桩端和桩侧的摩阻力。对于密度不大的松散–稍密砂层，桩端砂受挤压外排而趋于密实，压桩阻力随深度增加而有所增加；对于密度较大的中密–密实砂层，沉桩深度略有增加，压桩阻力就会迅速增大，沉桩速率也明显下降，所需压桩力将迅速提高。当压桩力进一步增大时，如果所涉及范围内的土层能提供足够的支承力，该层砂就可以作为桩端持力层，否则砂层就被压穿，桩继续下沉。

当桩位于持力层时，该砂层在压桩力的作用下，砂粒之间会发生挤密咬合和摩擦作用，此时若马上卸载，砂粒间将产生一定的相对滑动，颗粒重新排列，桩端砂层阻力将略为降低。在施工过程中则表现为每复压一次，桩就略微下沉一点。为了消除这种因砂层的松弛效应而带来的负面影响，施工的终压控制应采取满载多次复压，直至沉降稳定。

2.2   静压桩施工挤土效应分析方法

2.2.1   圆孔扩张法

圆孔扩张法可分为柱形孔扩张理论和球形扩张理论，由于其形式简单，力学原理明确，因此被广泛地应用于力学和土木工程中。圆孔扩张法最初被用于金属成型方面研究，后来被应用于土木工程中的圆锥触探测试 (CPT)，并取得与实际较为一致的结论。

Vesic 采用相关流动的 Mohr-Coulomb 屈服准则，给出了理想弹塑性圆孔扩张问题的基本解，并于 1977 年应用于深基础承载力方面的研究。

Cater 采用非相关流动的 Mohr-Coulomb 屈服准则，并考虑了塑性区的大变形，得出了圆孔从零半径扩张到有限半径的极限应力解。接着圆孔扩张理论在屈服面模型、本构关系、大小应变及数值解方面都取得了较大的进展。

随后圆孔扩张理论也被用于模拟静压桩的沉桩过程。对于饱和的软黏土而言，需要确定压桩阻力及压桩过程中产生的超孔隙水压力。Randolph 利用柱形孔扩张理论，采用数值计算分析了孔隙水压力消散规律，并给出孔隙水压力消散后桩的极限承载力。

圆孔扩张法具有以下优点：

(1) 径向对称的平面应变假定将问题简化为平面应变对称问题，未知变量数目很少；

(2) 控制方程由一组复杂的偏微分方程减少为一个一次微分方程，可直接求解；

(3) 由于求解方法的简单性，可以对该贯入问题的许多复杂方面进行考虑，如大应变、高梯度、多重介质等。

有人在总结比较了数种锥尖阻力的计算理论的结果后，认为圆孔扩张理论比较准确。但是，经典的圆孔扩张法存在的一个问题是，将平面应变轴对称的圆孔扩张解应用于桩体贯入这样一个三维轴对称问题，它假设各变量场如位移场、应变场、孔压场等只与径向坐标 r 有关，而与竖向坐标 z 无关，忽略孔壁竖向摩擦力 τ_{rz} 的影响，这样的假设用于旁压仪测试是正确的，然而，将其应用沉桩分析就不太合适了，因为在沉桩过程中 τ_{rz} 显然是存在的，它对土体中的应力和位移必定要产生影响。另外，圆孔扩张法都假定平面轴对称、土体小变形、土体在进入塑性时不可压缩等, 忽略了连续稳态贯入这一特点 [36]。

虽然圆孔扩张理论能较好地给出对称或球对称情况下的应力场、应变场和孔隙水压力, 但是运用于静压桩的并不是很多。这是由于静压桩的施工过程比较复杂, 一维情况下的圆孔扩张理论只能给出径向的变化规律, 这与实际情况不相符, 特别是对于竖向的孔隙水压力及位移场的变化不能给出具体的表达式。

2.2.2 应变路径法

20 世纪 80 年代, 美国麻省理工学院的 Baligh[37] 领导的研究小组经过近十年的研究, 发现单桩贯入土中时土体单元的变形路径和应变路径具有以下特点:

(1) 在径向, 土体的变形是单调向外侧挤而不回复转向;

(2) 在竖向, 土体的变形是先沿贯入方向向下发展, 而后再经过桩尖底部后转向朝上, 且这种变形折返范围较大。

应变路径法基于这样的假定: 土体不排水, 刚性体处于稳定的压入过程, 且在土体中产生的变形及应变不是由剪应力控制, 而是由不旋转的无黏性理想流体来决定。在不考虑土体本构关系的情况下, 推广对速度积分求得变形, 然后由微分求出应变, 将桩体贯入模拟为单个边界以速度扩大的球形孔沿竖向匀速运动, 通过对应变路径的描述, 即 3 个偏应变 $e_i(i = 1, 2, 3)$ 的分析, 从而得出桩体贯入工程中土体位移和应变的变化情况。

但 Baligh 的模型是用点源和竖直方向的流场来模拟光滑圆头桩的沉桩过程, 而忽略了地表面的边界条件(自由面)。因此, 应变路径法只适用于桩端附近的应变场, 而对于远离桩端的应变场则很难得到一个合理的结果, 且没有实际的物理意义。如: 用应变路径法分析沉桩过程时, 所有的土体单元都是向下的位移, 但许多已有的现场观测表明地表面有隆起。特别是长径比较小的桩, 压入过程受地面的影响更大, 不符合 Baligh 的应变路径法假定。

随后 Baligh 在利用应变路径法得出位移及应变场的基础上, 也推导出了相对的剪应力及孔隙水压力规律。Baligh 和 Levadoux 分析了压桩后的土体固结过程, 并给出了孔隙水压力的消散过程。Danziger, Almeida 和 Sills 也将应变路径法用于旁压仪。

虽然压桩对于不同的工程地质存在着很大的差别, 但对于刚度较大的桩, 沉桩在土中产生的变形具有相似的地方。且应变路径法能得到较为合理的解析解, 使计算结果简单合理, 因此应变路径法有较大的发展空间。

但是应变路径法还存在以下几个方面的问题:

(1) 整个桩身范围内的土体位移问题。绝大多数的研究者关心的都是地表面的隆起和径向位移, 而对土体内部的位移场却很少研究, 但土体内部的位移场对周围环境的影响也比较大。所以, 如能用应变路径法计算土体内的位移场就更好了。

(2) 桩型的问题。大多数学者只是对圆截面实心桩的挤土效应进行了研究，而对实测表明不同的桩型对静压桩的挤土效应也存在着较大的影响。因此，把桩型的影响考虑进去也是重要的问题。

(3) 大应变和小应变的问题。利用应变路径法只是在小应变的假定基础上。而在桩实际压入过程中，桩径所在的范围内存在着大应变，这样会造成一定范围内利用小应变的假定在所计算的结果与实际情况不相符合。

(4) 土体不可压缩的问题。应变路径法假定土体是均匀的、不可压缩的。但是对于挤土桩，由于桩周土的大应变，会使桩周土体产生塑性区，也就是会产生塑性体积变化。因此为了更好地利用应变路径法，应该考虑塑性区的体积变化。

(5) 桩土界面的摩擦影响问题。沉桩过程中，桩与土的界面相互接触挤压，然后发生滑移。因此，桩土界面的接触摩擦势必会对土体的位移产生影响，而应变路径法并没有考虑接触摩擦。

同圆孔扩张法相比，应变路径法有以下两方面的优点：

(1) 一方面可以考虑竖向贯入过程中，土体变形与竖向坐标的关系。

(2) 另一方面可以考虑匀速贯入的连续性。所以，Baligh 等的研究有其独到之处，它可以给出贯入过程中土体应力、位移分布的大致情况。但是，应变路径法也有不足之处，它忽略了桩土的接触面效应，应变路径法也属于一种近似的方法。

基于此，Baligh 将地基看作一种特殊的流体，将沉桩想象成一个光滑的圆头刚体，以一定的速度贯入均匀流场，从而得到了独立于本构关系的位移场。

在沉桩过程的分析中，应变路径法是一种非常有效的方法。Poulos[38] 应用该方法分析了单桩沉桩过程中桩周土体的水平和垂直位移以及土体位移对已打入桩的影响。

但是应变路径法忽略了土单元的旋转，也忽略了基础的表面效应，如地面的隆起等。因此，这种方法一般只适用于近似分析可以忽略基础表面效应的深基础问题。

2.2.3　有限单元法

沉桩过程是个极为复杂的力学过程，任何解析方法都难以做到完全精确的描述，同时求解上也会遇到很大困难，于是人们便开始用有限元法来分析沉桩过程。有限元法已广泛地应用于土木工程中，是十分有用的计算工具。其对沉桩进行模拟时都做了一些假定。

1) 基于圆孔扩张理论的有限元法

静压沉桩在数倍桩径范围内的土体变形是大变形，用圆孔扩张理论很难给出一个大变形情况下的解析解。因此，有些学者利用圆孔扩张理论并结合有限元把沉桩模拟为土体逐渐劈裂，然后扩张到桩径的过程。如图 2-4(a) 所示。

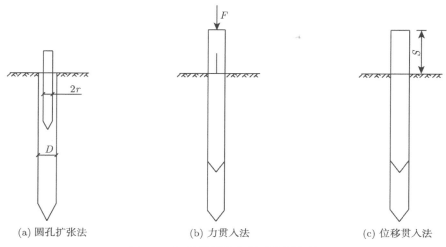

图 2-4 沉桩模拟的有限元分析方法

因为桩孔的扩张是通过桩与土的相互作用来实现的，而不是在需要容纳桩径的位置施加一个径向的位移边界条件。所以，被模拟成逐渐劈裂过程的沉桩过程和实际的贯入过程还有很大的差异。

2) 考虑桩土相互作用及力贯入的有限元法

Mabsout 考虑了桩土相互作用及力贯入法的有限元，如图 2-4(b) 所示。Mabsout 采用有限元法研究了打桩问题的可行性。描述如下：一个圆截面混凝土桩被打入排水的黏土中，混凝土桩的直径为 0.50m，桩长 20m，桩头形状为抛物面，桩身桩头的连接处光滑过渡。考虑到不排水黏性土的非线性，采用了 Kaliakin 和 Dafalias 提出的边界面模型，用一个周期函数来表示锤对桩的作用。桩的压入过程用摩擦接触滑移线算法模拟。分析过程中考虑了土体大变形，用修正拉格朗日方法描述。

Mabsout 还对打桩问题进行了定量分析。研究的方法是在不同深度的孔中放入桩，然后进行锤击，每桩只锤击一次，计算土对桩的阻力以及阻力沿桩身与桩尖的分布。追踪土中应力状态的变化过程和孔隙水压力的变化规律，探索了土体的强度对桩的影响。

Mabsout 用上述模型对预钻孔的桩基承载能力进行分析，预先把桩放入到距离设计标高 1.25~2.25m 处，然后再沉桩到设计标高，分析表明，侧摩阻力没有较大的变化，但是端阻却有明显的差异。Mabsout 采用的滑动面算法是由接触准则或变分不等式建立起数学模型并通过二次规化或惩罚算法来求出解答的。这种方法允许桩土之间的相对滑动，当桩土接触面上有拉应力时，容许桩土分离。虽然这种方法能够考虑桩土界面的相互作用，但是该算法耗时太多，且很难模拟整个沉桩的过程。该方法是进行理论研究的强有力工具，但不宜应用于实际工程。

3) 考虑桩土相互作用及位移贯入的有限元法

位移贯入法与力贯入法是相对应的，它是通过在桩顶施加位移来实现压桩过程的，能够和实际的压桩情况符合，且所用的计算时间短，如图 2-4(c) 所示。

有限元法在静压桩的沉桩机理及挤土效应研究的分析中显示出很强的优势，有限元方法在工程计算中较为通用，它可以全面地反映土体的应力、位移、孔压情况，经过适当的前、后处理，其输出可以简化，结果可以用图形方式直观显示，大变形有限元则在理论上更为完善。

有限元分析方法在一定程度上能够考虑到土体的本构关系、大变形和桩土的相互作用。但还存在以下几个问题：

(1) 符合实际情况的压桩过程。很明显，对于沉桩，这个问题是应该考虑的首要问题。若采用了不适当的有限元分析方法就不能很好地模拟沉桩过程。如圆孔扩张理论的有限元没有考虑桩与土的相互作用，采用力贯入的加载方式由于耗时太长而不能应用于实际工程，位移贯入法虽然能够有效地解决计算时间问题，但需要在整个桩土界面设置接触面。

(2) 整个桩身范围内的位移场。对于静压桩的挤土效应，水平位移及位移的变化应该是分析的一个重点，但是以上采用的有限元方法中并没有给出整个压桩深度内的土体位移场，大部分只是对应力场做了定量分析。

(3) 群桩的挤土效应分析。由于挤土效应与静压桩的施工顺序有较大的关系，因此，在有限元分析时，能否结合施工顺序对群桩挤土效应进行分析也是一个重要问题。

(4) 计算机耗时问题。虽然计算机的性能得到了大幅度的提高，但沉桩涉及几何非线性、材料非线性和接触非线性等复杂问题，因此若采用不适当的分析方法会耗时过多，从而不能有效地分析和解决问题。

2.2.4   滑移线理论

Mayerhof [39] 等学者提出将桩土贯入问题看作承载力问题，提出针对深层贯入的位移模式，并且利用滑移线理论来解决。Koumoto 等 [40] 运用此理论对静力触探问题采用差分法进行了三维研究。该理论在数学计算上比较简单，但可靠性较差，难以在工程中推广应用，采用的人也不多。

2.3   静压桩挤土问题的弹塑性分析

静压桩问题的性质比较复杂，自 20 世纪 50 年代开始就有许多学者对静压桩的问题进行研究，较多地采用了与静力触探相似的研究理论和方法。归纳起来，主要有刚塑性理论、圆孔扩张理论、混合理论、应变路径法、有限单元法等方法，其中，刚塑性理论和混合理论主要用于分析静压桩承载特性，圆孔扩张理论、应变路径法、有限单元法可用于分析静压桩沉桩挤土机理，其中圆孔扩张理论自提出以后，经过 Vesic、Carter 等学者的发展，已成为静压桩挤土效应理论分析研究最为广泛的一种方法，这与圆孔扩张理论形式简单、易于求解的特点密不可分，这里对此加以具体介绍，其余方法可查阅相关文献资料。

2.3.1 基本假定与基本方程

基本假定：

(1) 土体是饱和、均匀、各向同性的理想弹塑性材料；

(2) 小孔在无限大的土体中扩张；

(3) 土体屈服服从 Tresca 屈服准则或 Mohr-Coulomb 屈服准则；

(4) 孔扩张前，土体具有各向等同的有效应力。

土体在均匀孔壁内压力 p 作用下，径向受压。当 p 较小时，孔周围土体处于弹性状态；当 p 增大到某一临界值 p_c 时，孔周围土体开始发生屈服，进入塑性状态；随着 p 的继续增大，塑性区半径不断向外扩展，形成一环状或球壳状的塑性区；在塑性区外，土体仍保持弹性状态。

设孔的初始半径为 R_0，孔扩张过程中孔径为 a，塑性区半径为 R_p，扩张后孔的最终半径为 R_u，相应的孔内压力最终值为 p_u，在半径 R_p 以外土体保持弹性状态，如图 2-5 所示。

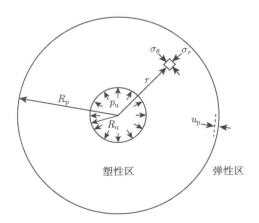

图 2-5　圆孔扩张平面示意图

基本方程如下。

平衡方程：

$$\frac{\mathrm{d}\sigma_r}{\mathrm{d}r} + m\frac{\sigma_r - \sigma_\theta}{r} = 0 \tag{2-1}$$

式中，σ_r 为土体径向应力；σ_θ 为土体切向应力；r 为计算点半径；$m=1,2$ 分别对应于柱形孔和球形孔。

几何方程：

$$\varepsilon_r = -\frac{\mathrm{d}u_r}{\mathrm{d}r} \tag{2-2}$$

$$\varepsilon_\theta = -\frac{u_r}{r} \tag{2-3}$$

式中，ε_r 为径向应变；ε_θ 为切向应变；u_r 为径向位移。

弹性本构方程为广义胡克定律：

$$\varepsilon_r = \frac{1-u^2(2-m)}{E}\left[\sigma_r - \frac{mu}{1-u(2-m)}\sigma_\theta\right] \tag{2-4}$$

$$\varepsilon_\theta = \frac{1-u^2(2-m)}{E}\left\{[1-u(m-1)]\sigma_\theta - \frac{u}{1-u(2-m)}\sigma_r\right\} \tag{2-5}$$

对于 Tresca 材料，材料屈服表达式为

$$\varepsilon_r - \varepsilon_\theta = 2K_0 \tag{2-6}$$

式中，K_0 为 Tresca 常数。

对于 Mohr-Coulomb 材料，材料屈服表达式为

$$\varepsilon_r - \varepsilon_\theta = (\varepsilon_r + \varepsilon_\theta)\sin\varphi_0 + 2c_0\cos\varphi_0 \tag{2-7}$$

式中，φ_0，c_0 分别为土体的内摩擦角和黏聚力。

2.3.2　挤土问题的弹性解

弹性区：$D_e = \{r | r \geqslant a, p < p_c\} \cup \{r | r \geqslant R_p, p \geqslant p_c\}$，$p_c$ 为孔壁出现塑性区时的临界压力。

在不考虑初始应力场的情况下，边界条件：

$$r = a\text{时}, \sigma_r = p; r = \infty\text{时}, \sigma_r = 0$$

得到弹性区应力场及位移场为

$$\sigma_r = p\left(\frac{a}{r}\right)^{m+1} \tag{2-8}$$

$$\sigma_\theta = -\frac{p}{m}\left(\frac{a}{r}\right)^{m+1} = -\frac{\sigma_r}{m} \tag{2-9}$$

$$u_r = \frac{1+u}{E}\frac{p}{m}\left(\frac{a}{r}\right)^{m+1} r \tag{2-10}$$

在考虑土体中初始应力p_0的情况下，边界条件：

$$r = a时, \sigma_r = p; r = \infty时, \sigma_r = p_0$$

得到弹性区应力场及位移场为

$$\sigma_r = (p - p_0) \left(\frac{a}{r}\right)^{m+1} + p_0 \tag{2-11}$$

$$\sigma_\theta = -\frac{(p - p_0)}{m} \left(\frac{a}{r}\right)^{m+1} + p_0 \tag{2-12}$$

$$u_r = \frac{1 + u}{E} \frac{(p - p_0)}{m} \left(\frac{a}{r}\right)^{m+1} r \tag{2-13}$$

2.3.3 挤土问题的弹塑性解

在塑性区 $D_e = \{r | a \leqslant r \leqslant R_\text{p}, p \geqslant p_\text{c}\}$，材料在荷载作用下产生屈服的形状是很复杂的，一般用屈服准则来描述材料的屈服特性。材料的性状是客观的，而屈服条件是主观建立的，在不同的屈服准则下，材料塑性发生的规律是不同的。在此仅讨论 Tresca 材料和 Mohr-Coulomb 材料。

1. Tresca 材料

不考虑初始应力场情况下，当孔内压力增至临界压力时，在孔壁处开始出现屈服。将式 (2-8) 和式 (2-9) 代入式 (2-6)，得临界扩张压力为

$$p_\text{c} = \frac{2m}{m + 1} K_0 \tag{2-14}$$

当 $p > p_\text{c}$ 时，屈服面向外扩张，塑性区不断扩大。由平衡方程及 $r = a$, $\sigma_r = p$ 时的边界条件可得塑性区的应力场为

$$\sigma_r = p - 2mK_0 \ln \frac{r}{a} \tag{2-15}$$

$$\sigma_\theta = p - 2mK_0 \ln \frac{r}{a} - 2K_0 \tag{2-16}$$

Tresca 材料的塑性体积应变等于零。忽略塑性区内材料在弹性阶段的体积变化，认为塑性区总体积不变，则孔体积变化等于弹性区体积变化，可得

$$R_\text{u}^{m+1} - R_0^{m+1} = R_\text{p}^{m+1} - (R_\text{p} - u_\text{p})^{m+1} \tag{2-17}$$

忽略 u_p 的高阶项，可得

$$(m + 1)R_\text{p}^m u_\text{p} = R_\text{u}^{m+1} - R_0^{m+1} \tag{2-18}$$

当 $r = R_p$ 时，$\sigma_r = \sigma_p = p_c$。由弹性阶段的径向位移解式 (2-10) 得径向位移 u_p 为

$$u_p = \frac{1+u}{E}\frac{\sigma_p}{m}R_p = \frac{1+u}{E}\frac{p_c}{m}R_p \tag{2-19}$$

将式 (2-15) 在 $r = R_p$ 时的 σ_r 值代入式 (2-19) 可得

$$u_p = \frac{1+u}{E}\frac{R_p}{m}\left(p - 2mK_0\ln\frac{R_p}{a}\right) \tag{2-20}$$

将由式 (2-14)、式 (2-19) 求得的 u_p 值代入式 (2-18) 可得

$$\frac{R_p}{R_u} = \left\{\frac{E}{2(1+u)K_0}\left[1 - \left(\frac{R_0}{R_u}\right)^{m+1}\right]\right\}^{\frac{1}{m+1}} \tag{2-21}$$

考虑土体的不可压缩性，则

$$\varepsilon_r + m\varepsilon_\theta = 0$$

利用几何方程则有

$$\frac{\mathrm{d}u_r}{\mathrm{d}r} + m\frac{u_r}{r} = 0$$

积分得

$$u_r = C\left(\frac{1}{r}\right)^m$$

式中，C 为积分常数。根据边界条件，将式 (2-19) 代入，可得塑性区的径向位移为

$$u_r = \frac{2(1+u)K_0}{(m+1)E}\left(\frac{R_p}{r}\right)^{m+1}\cdot r \tag{2-22}$$

在塑性区与弹性区交界处，既满足塑性区应力解，又满足屈服条件，由此可得孔内扩张应力与塑性区半径的关系为

$$p = 2mK_0\left(\frac{1}{m+1} + \ln\frac{R_p}{a}\right) \tag{2-23}$$

将式 (2-21) 代入式 (2-23) 可得最终扩张压力为

$$p_u = \frac{2mK_0}{m+1}\left\{1 + \ln\frac{E}{2(1+u)K_0}\left[1 - \left(\frac{R_0}{R_u}\right)^{m+1}\right]\right\} \tag{2-24}$$

将 $p = \sigma_p$、$a = R_p$ 代入式 (2-8)、式 (2-9) 和式 (2-10)，则可得弹性区的应力场和位移场为

$$\sigma_r = \frac{2mK_0}{m+1}\left(\frac{R_p}{r}\right)^{m+1} \tag{2-25}$$

$$\sigma_\theta = -\frac{2K_0}{m+1}\left(\frac{R_\mathrm{p}}{r}\right)^{m+1} = -\frac{\sigma_r}{m} \tag{2-26}$$

$$u_r = \frac{2(1+u)K_0}{(m+1)E}\left(\frac{R_\mathrm{p}}{r}\right)^{m+1}\cdot r \tag{2-27}$$

考虑土体中初始应力 p_0 的情况下，重复上述步骤即可得到塑性区、弹性区的应力场和位移场。

临界扩张应力：

$$p_\mathrm{c} = \frac{2m}{m+1}K_0 + p_0 \tag{2-28}$$

塑性区的应力场、位移场：

$$\sigma_r = p - 2mK_0\ln\frac{r}{a} \tag{2-29}$$

$$\sigma_\theta = p - 2mK_0\left(m\ln\frac{r}{a} + 1\right) \tag{2-30}$$

$$u_r = \frac{2(1+u)K_0}{(m+1)E}\left(\frac{R_\mathrm{p}}{r}\right)^{m+1}\cdot r \tag{2-31}$$

孔内压力与塑性区半径的关系为

$$p = 2mK_0\left(\frac{1}{m+1} + \ln\frac{R_\mathrm{p}}{a}\right) + p_0 \tag{2-32}$$

最大塑性区半径为

$$\frac{R_\mathrm{p}}{R_\mathrm{u}} = \left\{\frac{E}{2(1+u)K_0}\left[1 - \left(\frac{R_0}{R_\mathrm{u}}\right)^{m+1}\right]\right\}^{\frac{1}{m+1}} \tag{2-33}$$

孔内最终扩张压力为

$$p_\mathrm{u} = \frac{2mK_0}{m+1}\left\{1 + \ln\frac{E}{2(1+u)K_0}\left[1 - \left(\frac{R_0}{R_\mathrm{u}}\right)^{m+1}\right]\right\} + p_0 \tag{2-34}$$

将 $p = \sigma_\mathrm{p}$、$a = R_\mathrm{p}$ 代入式 (2-11)、式 (2-12) 和式 (2-13)，则可得弹性区的应力场和位移场为

$$\sigma_r = \frac{2mK_0}{m+1}\left(\frac{R_\mathrm{p}}{r}\right)^{m+1} + p_0 \tag{2-35}$$

$$\sigma_\theta = -\frac{2K_0}{m+1}\left(\frac{R_\mathrm{p}}{r}\right)^{m+1} + p_0 \tag{2-36}$$

$$u_r = \frac{2(1+u)K_0}{(m+1)E}\left(\frac{R_\mathrm{p}}{r}\right)^{m+1}\cdot r \tag{2-37}$$

2. Mohr-Coulomb 材料

在不考虑初始应力场情况下，当孔内压力增至临界压力 p_c 时，在孔壁 $r = a$ 处开始出现屈服。将式 (2-8) 和式 (2-9) 代入式 (2-7) 得孔壁开始出现屈服的临界扩张压力为

$$p_c = \frac{2mc_0 \cos \varphi_0}{(m+1) - (m-1) \sin \varphi_0} \tag{2-38}$$

当 $p > p_c$ 时，屈服面向外扩张，塑性区不断扩大。由平衡方程及 $r = a$ 时，$\sigma_r = p$ 的边界条件可得塑性区的应力场为

$$\sigma_r = (p + c_0 \cot \varphi_0) \left(\frac{a}{r}\right)^{\frac{2m \sin \varphi_0}{1 + \sin \varphi_0}} - c_0 \cot \varphi_0 \tag{2-39}$$

$$\sigma_\theta = \frac{1 - \sin \varphi_0}{1 + \sin \varphi_0} \left[(p + c_0 \cot \varphi_0) \left(\frac{a}{r}\right)^{\frac{2m \sin \varphi_0}{1 + \sin \varphi_0}} - c_0 \cot \varphi_0\right] - \frac{2c_0 \cos \varphi_0}{1 + \sin \varphi_0} \tag{2-40}$$

当 $r = R_p$ 时，$\sigma_r = \sigma_p = p_c$。由弹性阶段的径向位移解式 (2-10)，可得弹性区与塑性区交界面处径向位移 u_p 为

$$u_p = \frac{1+u}{E} \frac{\sigma_p}{m} R_p = \frac{1+u}{E} \frac{p_c}{m} R_p \tag{2-41}$$

把式 (2-39) 代入式 (2-41) 可得

$$u_p = \frac{1+u}{E} \frac{R_p}{m} \left[(p + c_0 \cot \varphi_0) \left(\frac{a}{r}\right)^{\frac{2m \sin \varphi_0}{1 + \sin \varphi_0}} - c_0 \cot \varphi_0\right] \tag{2-42}$$

假设孔扩张后体积变化等于弹性区的体积变化与塑性区体积变化之和，则

$$R_u^{m+1} - R_0^{m+1} = R_p^{m+1} - (R_p - u_p)^{m+1} + (R_p^{m+1} - R_u^{m+1})\Delta \tag{2-43}$$

忽略 u_p 的高阶项，可得

$$(m+1)R_p^m u_p = (1+\Delta)R_u^{m+1} - R_p^{m+1}\Delta - R_0^{m+1} \tag{2-44}$$

将由式 (2-38)、式 (2-41) 求得的 u_p 值代入式 (2-44)，可得

$$1 + \Delta = \frac{(m+1)(1+u)}{E} \frac{2c_0 \cos \varphi_0}{(m+1) - (m-1) \sin \varphi_0} \left(\frac{R_p}{R_u}\right)^{m+1} + \left(\frac{R_p}{R_u}\right)^{m+1} \Delta + \left(\frac{R_0}{R_u}\right)^{m+1} \tag{2-45}$$

在塑性区与弹性区交界处，既满足塑性区应力解，又满足屈服条件，由此可得到孔内扩张应力与塑性区半径的关系为

$$p = \left[\frac{2mc_0 \cos \varphi_0}{(m+1) - (m-1) \sin \varphi_0} + c_0 \cot \varphi_0\right] \left(\frac{R_p}{a}\right)^{\frac{2m \sin \varphi_0}{1 + \sin \varphi_0}} - c_0 \cot \varphi_0 \tag{2-46}$$

$$p_{\mathrm{u}} = \left[\frac{2mc_0 \cos \varphi_0}{(m+1) - (m-1)\sin \varphi_0} + c_0 \cot \varphi_0 \right] \left(\frac{R_{\mathrm{p}}}{R_{\mathrm{u}}} \right)^{\frac{2m \sin \varphi_0}{1 + \sin \varphi_0}} - c_0 \cot \varphi_0 \qquad (2\text{-}47)$$

若能确定 $R_{\mathrm{p}}/R_{\mathrm{u}}$ 值, 就能计算出孔内相应的压力值 p_{u}。

在 Δ 较小时, 令 $1 + \Delta \approx 1$。于是式 (2-45) 可转化成:

$$M = \frac{(m+1)(1+u)}{E} \frac{2c_0 \cos \varphi_0}{(m+1) - (m-1)\sin \varphi_0}$$

$$\left(\frac{R_{\mathrm{p}}}{R_{\mathrm{u}}} \right)^{m+1} = \frac{1}{(M+\Delta)} \left[1 - \left(\frac{R_0}{R_{\mathrm{u}}} \right)^{m+1} \right] \qquad (2\text{-}48)$$

其中, 当 $m = 1$, 即柱形孔扩张时, 引入刚度指标 I_r:

$$I_r = \frac{E}{2(1+u)c_0} = \frac{G}{c_0} \qquad (2\text{-}49)$$

式中, $G = \dfrac{E}{2(1+u)}$, 为剪切模量。

则式 (2-48) 可变为

$$\left(\frac{R_{\mathrm{p}}}{R_{\mathrm{u}}} \right)^2 \left[\frac{1}{I_r \Delta \sec \varphi_0} + \Delta \right] = 1 + \Delta \qquad (2\text{-}50)$$

若引入 I_{rr} 为修正刚度指标:

$$I_{rr} = \frac{I_r (1 + \Delta)}{1 + I_r \Delta \sec \varphi_0} = \xi_v I_r$$

式中, $\xi_v = \dfrac{(1 + \Delta)}{1 + I_r \Delta \sec \varphi_0}$, 为介质的体积变化系数。

可得

$$\frac{R_{\mathrm{p}}}{R_{\mathrm{u}}} = \sqrt{\frac{I_r \sec \varphi_0 (1 + \Delta)}{1 + I_r \Delta \sec \varphi_0}} = \sqrt{I_{rr} \sec \varphi_0} \qquad (2\text{-}51)$$

从式 (2-51) 可以看出, 沉桩后的塑性半径与桩周土的泊松比、压缩模量、内摩擦角、黏聚力及桩周土的塑性体积应变有关。当以上参数确定时, 桩周土的塑性半径与桩的半径成正比关系。

表 2-3 列出了几种不同材料的刚度指标 I_r 及塑性区相对半径 $R_{\mathrm{p}}/R_{\mathrm{u}}$。

表 2-3　几种材料的刚度指标

介质	刚度指标	塑性区相对半径	
		球形孔	柱形孔
岩石	100~500	5~8	12~25
砂 (松到密)	70~150	4~6	9~15
饱和黏土	10~300	2~7	3~17
含云母的砂石	10~30	2~3	3~6
软钢	300	7	17

将式 (2-48) 代入式 (2-47)，采用迭代法即可求得 p_u。

将 $p = \sigma_p$、$a = R_p$ 代入式 (2-8)、式 (2-9) 和式 (2-10)，则可得弹性区的应力场和位移场：

$$\sigma_r = \frac{2mc_0 \cos \varphi_0}{(m+1) - (m-1) \sin \varphi_0} \left(\frac{R_p}{r}\right)^{m+1} \tag{2-52}$$

$$\sigma_\theta = -\frac{2c_0 \cos \varphi_0}{(m+1) - (m-1) \sin \varphi_0} \left(\frac{R_p}{r}\right)^{m+1} = -d\frac{\sigma_r}{m} \tag{2-53}$$

$$u_r = \frac{1+u}{E} \frac{2c_0 \cos \varphi_0}{(m+1) - (m-1) \sin \varphi_0} \left(\frac{R_p}{r}\right)^{m+1} r \tag{2-54}$$

考虑土体中初始应力 p_0 情况，重复上述步骤即可得到塑性区应力场、弹性区应力场和位移场的解。

2.3.4 桩周土体超静孔隙水压力的计算

土体在外力作用下发生变形，同时引起超静孔隙水压力的变化，因此，可以用应力的变化来表达超静孔隙水压力随之变化的情况。给出应力变化引起的超静孔隙水压力的表达式：

$$\Delta u = B \left[\Delta \sigma_3 + A_f(\Delta \sigma_1 - \Delta \sigma_3)\right] \tag{2-55}$$

式中，B 和 A_f 为孔隙水压力系数。对于饱和软黏土，$B = 1.0$；A_f 与软黏土的结构性有关，高灵敏土的 A_f 介于 0.75~1.2，一般正常固结黏土的 A_f 介于 0.5~1.0 之间。

Henkel 考虑中主应力变化的影响，对 Skempton 公式做了修正，公式为

$$\Delta u = \beta \Delta \sigma_{\text{ocr}} + \alpha_f \Delta \tau_{\text{ocr}} \tag{2-56}$$

式中，$\Delta \sigma_{\text{ocr}}$、$\Delta \tau_{\text{ocr}}$ 分别为八面体正应力增量和剪应力增量；β、α_f 为 Henkel 孔隙水压力系数。饱和土中 $\beta = 1$，α_f 采用陈文 (1999) 在 Henkel 公式上推导的公式，即 $\alpha_f = 0.707(3A_f - 1)$。本书采用式 (2-56) 来求解静沉桩桩周土体超静孔隙水压力。

由前面的公式，Tresca 材料具有初始孔径的柱孔扩张弹性区、塑性区引起的应力分别为

弹性区：

$$\sigma_r = K_0 \left(\frac{R_p}{r}\right)^2$$

$$\sigma_\theta = -K_0 \left(\frac{R_p}{r}\right)^2 = -\sigma_r$$

塑性区:

$$\sigma_r = 2K_0 \ln \frac{R_{\mathrm{p}}}{r} + K_0$$

$$\sigma_\theta = 2K_0 \ln \frac{R_{\mathrm{p}}}{r} - K_0$$

根据柱孔扩张时土体的平面应变假定,则土体竖向应力为

$$\sigma_\nu = \frac{1}{2}(\sigma_r + \sigma_\theta) \tag{2-57}$$

由式 (2-56) 及弹性区、塑性区的应力,并将式 (2-21) 代入,可得弹性区、塑性区的超静孔隙水压力分别为

$$\frac{\Delta u}{K_0} = 0.578(3A_f - 1)\left[1 - \left(\frac{R_0}{R_{\mathrm{u}}}\right)^2\right]\left(\frac{R_{\mathrm{u}}}{r}\right)^2 \tag{2-58}$$

$$\frac{\Delta u}{K_0} = 2\ln\left(\frac{R_{\mathrm{u}}}{r}\right) + \ln\left[1 - \left(\frac{R_0}{R_{\mathrm{u}}}\right)^2\right] + 1.73A_f - 0.58 \tag{2-59}$$

在考虑初始应力 p_0 的情况下,则有

弹性区:

$$\sigma_r = K_0\left(\frac{R_{\mathrm{p}}}{r}\right)^2 + p_0$$

$$\sigma_\theta = -K_0\left(\frac{R_{\mathrm{p}}}{r}\right)^2 + p_0$$

塑性区:

$$\sigma_r = 2K_0 \ln \frac{R_{\mathrm{p}}}{r} + K_0 + p_0$$

$$\sigma_\theta = 2K_0 \ln \frac{R_{\mathrm{p}}}{r} - K_0 + p_0$$

弹性区、塑性区的超静孔隙水压力计算公式同式 (2-58) 和式 (2-59)。

第3章　静压桩与土体接触面的滑动摩擦试验研究

3.1　研　究　概　要

静压桩属于挤土桩,在贯入过程中将使下部土体侧向移动,桩身在已经扰动了的土体中进行大变位运动,桩与土之间将产生滑动摩擦;这种滑动摩擦不同于静摩擦,也不同于打入桩的动摩擦[41]。压桩时,桩土间的滑动摩擦是研究静压桩施工引起的挤土效应的重要因素之一。如果能够确定滑动摩擦系数,也就能够较准确地确定土体受挤压后的位移场和应力场,从而判断静压桩的沉桩能力及承载力,解决静压桩设计施工中的关键问题。

桩侧极限摩阻力类似于土的抗剪强度,可用库仑公式表达如下:

$$q_{u} = c_{a} + \sigma_{n} \tan \varphi_{a} \tag{3-1}$$

式中,c_a、φ_a 为桩侧表面与桩周土之间的附着力和摩擦角,受土的性质、桩的材质、设置效应等因素影响;σ_n 为某一深度处作用于桩侧附近土体表面的法向压力,与该深度处的竖向应力成正比,并且与桩的设置效应有关。

土被扰动后强度会降低,但随着时间的增长,强度可以部分恢复或全部恢复,这种时效性称为土的触变性。相应地,滑动摩阻力也有时效性。侧摩阻力的提高是桩基承载力提高的主要因素,特别是在江苏沿海地区分布大量软土,由于软土结构性强、灵敏度高、渗透性低等特点,受沉桩的挤土作用,桩周土产生扰动、破坏,并产生很高的孔隙水压力,桩周土的恢复需要一个很长的过程,其承载力的时效性会更加明显,因而很有必要研究摩阻力的时效性。

从材料角度,静压桩分为混凝土桩和钢桩两大类,而土与混凝土、土与钢两种材料的物理力学性质差异较大,土体与混凝土 (或钢) 各自的力学性质决定着接触面的受力传递途径和作用机理。因此,正确地分析接触面上的受力变形机理和剪切破坏的发展,并进行合理的计算,对结构的安全是必需的,也是至关重要的。同时,对于桩侧负摩阻力而言,沥青涂层被认为是减低负摩阻力最有效的方法,即在中性点以上的桩侧表面涂以沥青,当桩与土间发生相对位移出现负摩阻力时,涂层产生剪应变而降低桩表面的负摩阻力。

从研究方法看,岩土工程问题的试验研究可分为现场测试和室内试验。现场原位测试能真实反映地质条件、工程因素等而备受青睐,但费用昂贵,开展受到一定限制。室内试验费用相对较低,可针对工程问题的某一方面展开研究,成为岩土工程问题不可或缺的一种研究手段。就桩–土接触面的滑动摩擦室内试验而言，主要有三种类型[42]。

1) 土–结构材料接触面摩擦试验

在静压沉桩过程中，桩相对于土产生向下的位移，引起桩–土接触面间剪应力的传递。这与桩侧负摩擦力的分析方法是相似的，只是相对位移的方向相反而已，如极限分析法、弹性理论法、荷载传递法、剪切位移法及数值方法，均离不开对桩–土接触面剪力传递性状及传递函数的假定。通过土–结构材料接触面的剪切试验，研究土与结构材料之间的剪力传递性状，对于认识静压桩施工过程中桩–土接触面剪力传递具有指导意义，这也是研究静压桩施工挤土效应的基础。本章的室内试验采用的就是土与不同结构材料接触面剪切试验方法。

2) 小比例尺模型试验

小比例尺模型是一种与原型相似材料制成的试验模型。该模型的主要特点是能针对所研究问题的某一方面设计试验方案，能较为方便地改变试验条件，获得对研究问题的定性认识。在以往的室内试验研究中，通常采用金属管、松木或有机玻璃板等作为模型桩，并将桩贯入或压入土中，从而从不同侧面研究静压桩的施工过程。本书第 4 章、第 5 章、第 7 章均采用到该方法。

3) 离心机模型试验

离心机模型试验是一项新的岩土工程试验技术，其基本原理是将 $1/n$ 的缩尺模型，置于 ng 的重力场中，模型中每点所受的应力与原型中相对应点所受的应力相同，在此条件下研究静压沉桩及其引起的挤土效应问题。

实质上，静压桩的沉桩过程就是桩与土接触面不断摩擦的过程。与实际工程中的桩–土摩擦相比，室内试验的试样尺寸、接触面条件、剪切速率等与实际情况有较大不同，然而，目前仍不失为一种有益的研究手段。

为研究桩–土接触面的摩擦特性，前人经常通过土–结构材料的摩擦特性模拟桩–土之间的滑动摩擦，并进行了大量的试验研究工作。Clough 等[43] 在盒式直剪仪上研究砂与光滑混凝土接触面的剪应力–位移关系，提出平均剪应力与切向相对位移之间的双曲线模式；Brandt[44] 根据室内试验及一座挡土墙的预测资料，提出接触面上剪应力与位移的关系为双折线；陈慧远[45] 认为垂直或陡倾的土与结构物接触面上，剪应力与剪切位移之间应简化为弹塑性关系；钱家欢和詹美礼[46] 认为接触面的相对位移与剪应力之间的关系为黏弹塑性，推导出单位长度相对位移与应力、时间之间的关系式；殷宗泽等[47] 研制一种带有 "潜望镜" 装置的特殊大尺寸的直剪仪，对剪切过程中土体内部的变形情况进行直接观测，发现土体的变形分为两部分：一是与土体滑动破坏不相关的基本变形，二是破坏变形，包括滑动破坏和拉裂破坏，提出接触面错动变形的刚塑性模型；张嘎等[48,49] 对粗粒土与钢板之间的界面摩擦进行细致的试验研究和深入的理论分析，提出弹塑性损伤本构关系模型。这些计算模型为土与结构物界面摩擦行为的简化计算提供依据。朱俊高等[50,51]在利用环剪仪对不同的土与混凝土接触面力学特性研究的基础是，对某土料与混凝土接触面的应力–变形及强度特性进行了单剪试验研究，并将已有的环剪试验成果与单剪试验结果进行了比较分析；温智等[52]采用应变直剪仪开展了多种含水率和温度条件下青藏粉土–玻璃钢接触面直剪试验研究；陈俊桦等[53]利用大型直剪试验仪对红黏土–混凝土试块接触面进行直剪试验，定量分析了粗糙度对接触面剪切破坏、变形等的影响，并探讨了粗糙度的影响机理。必须注意，上述研究大多是根据室内人工制备土样，这与天然土体材料有一定的差别；同时，有些计算公式过于复杂，应用于工程实践有一定的困难。

　　基于此，本章采用混凝土和钢两种材料模拟静压桩，通过改进直剪仪模拟静压沉桩过程中桩与土之间的滑动摩擦，研究了静压桩与土体接触面的摩擦性能及时效性和沥青涂层对摩擦性能的影响[55−57]。

3.2　试 验 方 法

3.2.1　试验土样的制备

　　试验土样取自江苏大丰 200MW 风电场施工场地，如图 3-1 所示，该工程位于大丰市裕华镇竹港闸，东临黄海，土体为盐城地区典型的滩涂土，经测试，其基本力学性质参数如表 3-1 所示。

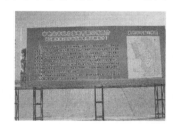

图 3-1　试验土样取土现场场地

表 3-1　土体基本力学性质参数

土性	深度/m	密度/(g/cm³)	含水量/%	备注
①地表土	0.0~1.8	—	—	①地表土含大量芦苇、茅草等腐蚀物，且受人类活动影响较大，未予采用，试验采用②和③两层土
②粉质黏土	1.8~4.4	1.99	38.9	
③粉土	4.4~8.0	1.92	28.0	

　　鉴于扰动土与原状土的滑动摩擦试验曲线差别不大，且由于在施工过程中，土体自身结构因受施工机具等原因已经发生扰动，故试验采用重塑土进行研究，重塑

土样的制备方法是将土风干后，按原状土样的含水量和密度加水拌和、压实而成。

3.2.2 试验仪器的改进

试验仪器用改造后的数字采集四联式直剪仪，如图 3-2(a) 所示，即将原直剪仪的下透水石换成混凝土块或钢块，两者的粗糙度与桩身表面相同，其上顶面与下剪切盒顶面平齐，示意图如图 3-2(b) 所示。在试块周围的剪切盒表面涂一层凡士林，以减小剪切盒边缘与土体摩擦引起的误差。其中，混凝土块由普通水泥砂浆直接制作而成，表面经抹平后自然形成，经过室内正常养护 28d。

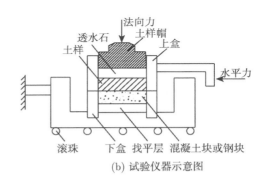

(a) 数字采集直剪仪   (b) 试验仪器示意图

图 3-2 试验仪器

3.2.3 试验工况及方法

粉质黏土和粉土各制备 4 组土样，每组切 8 个，分别在 100kPa、200kPa、300kPa、400kPa 垂直荷载作用下，对土样与混凝土块或钢块进行剪切试验。水平剪切推进速度为 0.8mm/min，记录剪应力和剪切位移。最大剪切破坏位移控制为 5mm，试验操作严格按土工试验方法标准进行。

试验共分四步完成，第一步：完成土体处于有侧限条件下的单向剪切试验；第二步：完成土–混凝土和土–钢的剪切试验，即将与试样同径、与下半盒等高、表面与桩身接近的混凝土块或钢块放入剪切盒下半盒内，使土体与混凝土块或钢块在两者接触面上发生剪切破坏；第三步：进行沥青涂层影响试验，即在混凝土块或钢块表面涂沥青后，即刻安装试样并完成剪切试验；第四步：再各取 1 组粉质黏土和粉土试样，进行摩阻力时效性试验。用以上相同的方法安装试样，试样分别静置 1d、7d、14d、28d 后再进行剪切试验，记录剪切过程中的最大摩阻力。

整个试验中，混凝土块和钢块均没有更换，但每次试验结束都对其表面进行清理，混凝土块和钢块如图 3-3 所示。试验需要时间较长，为了保持土样含水量等因素的一致性，将土样一次性切割，保存于养护箱中，分批使用，且在剪切盒周围盖上湿布，定期洒水养护，以防止土样水分蒸发。

(a) 未涂沥青的混凝土块　(b) 涂沥青的混凝土块　　(c) 未涂沥青的钢块　　(d) 涂沥青的钢块

图 3-3　不同结构材料的试块

3.3　试 验 结 果

以剪切位移为横坐标，滑动摩阻力为纵坐标，分别给出了粉质黏土–混凝土 (钢块)、粉质黏土–沥青涂层–混凝土 (钢块) 的滑动摩擦比较曲线，如图 3-4～图 3-7 所示。可见，无论是粉质黏土还是粉土，剪切达到最大剪切强度时的剪切位移比土–混凝土和土–钢材料最大摩阻力时的剪切位移都大，粉土尤为明显。随着法向应力的增大，摩阻力有明显增大的趋势，剪切位移较小时，摩阻力随着剪切位移急剧增加，摩阻力达到最大值后剪切位移基本不再变化或变化很小。

对于粉质黏土及其与混凝土和钢材料的复合体，摩阻力最大时剪切位移均为 1mm 左右。法向应力为 100kPa 和 200kPa 时，混凝土块和钢块表面涂沥青后摩阻力有所降低，这是因为沥青涂层产生的剪应变较大，从而抑制了摩阻力的增加；而法向应力为 300kPa 和 400kPa 时，粉质黏土与混凝土和钢块接触面的摩阻力与剪切位移关系曲线有软化现象，混凝土块和钢块表面涂沥青后摩阻力增大明显，这是因为此时法向应力较大，沥青涂层产生的剪应变不能发挥应有的作用，故沥青涂层后摩阻力有继续增大的趋势，可见，滑动摩阻力不仅与法向应力有关，还与结构材料、涂层等因素有关。

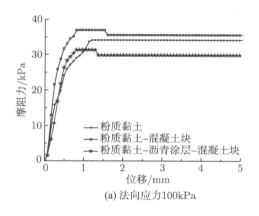 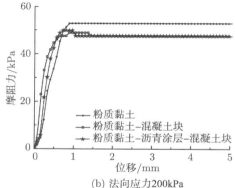

(a) 法向应力100kPa　　　　　　　　　　　(b) 法向应力200kPa

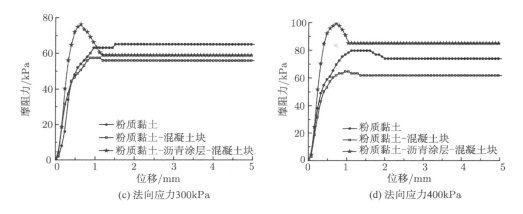

图 3-4 粉质黏土、粉质黏土-混凝土块和粉质黏土-沥青涂
层-混凝土块的位移-摩阻力试验曲线

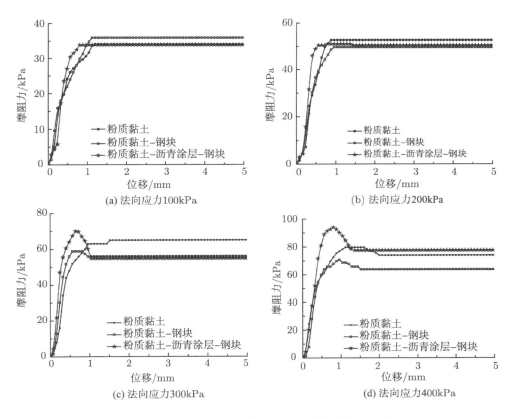

图 3-5 粉质黏土、粉质黏土-钢块和粉质黏土-沥青
涂层-钢块的位移-摩阻力试验曲线

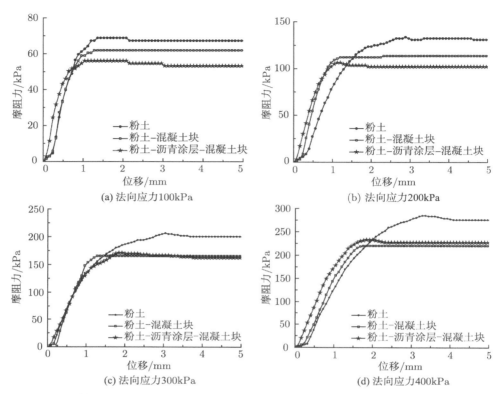

图 3-6   粉土、粉土-混凝土块和粉土-沥青涂层-混凝土块的位移-摩阻力试验曲线

　　对于粉土及其与混凝土和钢材料的复合体，只有法向应力为 100kPa 时，摩阻力最大时剪切位移为 1～2mm，法向应力为 200kPa、300kPa 和 400kPa 时，摩阻力最大时剪切位移在 3mm 左右。法向应力为 100kPa 时，混凝土块和钢块表面涂沥青后摩阻力均有所降低；法向应力为 200kPa 时，混凝土块表面涂沥青后摩阻力略有降低，钢块表面沥青涂层前后摩阻力变化不甚明显；法向应力为 300kPa 时，沥青涂层后，最大摩阻力有所增加，剪切位移达到 1.2mm 后涂与不涂沥青的摩阻力基本相当；法向应力 400kPa 时，摩阻力的变化规律与法向应力 300kPa 时的规律基本相同，但不同的是，剪切位移达到 1.2mm 后涂沥青的摩阻力仍比不涂沥青的摩阻力要大得多，且无论是否涂沥青，混凝土块与钢块的滑动摩擦曲线的变化规律均相似，且与粉质黏土相比，未现摩阻力软化现象。同时，土体为粉土时，其复合体剪切面的滑动摩阻力比粉质黏土复合体剪切面的摩阻力要大得多，说明接触面的黏聚力是由土、结构材料共同控制的，而不仅仅取决于土体或结构材料本身。

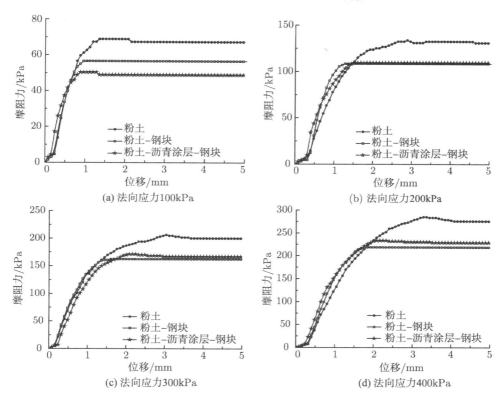

图 3-7 粉土、粉土–钢块和粉土–沥青涂层–钢块的位移–摩阻力试验曲线

3.4 影响因素分析

3.4.1 最大摩阻力与法向应力的关系曲线

图 3-8 给出了不同情况下最大摩阻力与法向应力的关系曲线。可见，摩阻力与法向应力近似成直线关系。对于粉质黏土，只有法向应力为 100kPa 时，土–混凝土和土–钢接触面的摩阻力比粉质黏土的抗剪强度略高，法向应力为 200kPa、300kPa 和 400kPa 时，粉质黏土的抗剪强度都比土–混凝土和土–钢接触面的抗摩阻力高；对于粉土，其抗剪强度明显高于土–混凝土和土–钢接触面的摩阻力。这说明土与结构材料接触面的剪切过程中，由于剪切破坏发生在接触面上，此接触面并没有像土体内部一样经历过击实力，同时剪切时土体全部在上剪切盒中，仅有接触面上的颗粒与结构产生摩擦，颗粒咬合作用很小，导致土–混凝土和土–钢材料接触面的摩阻力较低。

土–混凝土和土–钢的接触面剪切试验也表现出不同的特点，对于粉质黏土，只有法向应力为 100kPa 时，土–混凝土的抗剪强度比土–钢的抗剪强度要高，其余均是土–钢的抗剪强度高。对于粉土，土–混凝土的抗剪强度均高于比土–钢的抗剪强度，但是随着法向应力的增加，这种情况不甚明显。

从沥青涂层影响的角度看，对于粉质黏土而言，除法向应力为 200kPa 外，沥青涂层对最大摩阻力与法向应力的关系有一定影响，而土样为粉土时，沥青涂层对最大摩阻力与法向应力的关系影响不大，且最大摩阻力与法向应力呈近似直线关系。

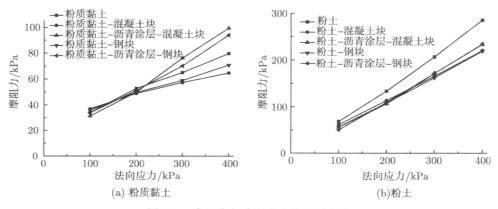

(a) 粉质黏土　　　　　(b)粉土

图 3-8　摩阻力与法向应力的关系曲线

3.4.2　摩阻力变化幅值与法向应力的关系分析

图 3-9 给出了土–混凝土和土–钢两种复合体摩阻力比纯土摩阻力的降低幅值与法向应力的关系曲线。从中可以看出，只有在法向应力为 100kPa 时，粉质黏

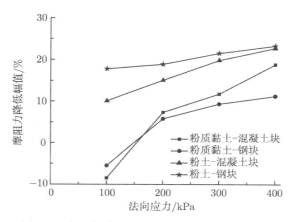

图 3-9　摩阻力降低幅值与法向应力的关系曲线

土–混凝土和粉质黏土–钢的摩阻力降低幅值小于 0，随着法向应力的增大，摩阻力降低幅值大于 0，且越来越大。粉土–混凝土 (钢) 摩阻力的降低幅值明显大于粉质黏土–混凝土 (钢) 摩阻力的降低幅值，对于粉质黏土，除法向应力为 100kPa 外，粉质黏土–混凝土摩阻力的降低幅值大于粉质黏土–钢摩阻力的降低幅值，而粉土–混凝土摩阻力的降低幅值小于粉土–钢摩阻力的降低幅值，说明摩阻力的降低幅值与土的类型、结构材料的关系紧密，与法向应力也有一定的联系。

3.4.3 沥青涂层对摩擦性能的影响分析

定义沥青涂层对最大摩阻力影响系数 K 如下：

$$K = \frac{\text{涂层后摩阻力} - \text{涂层前摩阻力}}{\text{涂层前摩阻力}} \times 100\% \tag{3-2}$$

图 3-10 给出了沥青涂层影响系数与法向应力的关系曲线。对于粉质黏土，沥青涂层后，只有法向应力为 100kPa 时滑动摩阻力有所降低，法向应力为 200kPa、300kPa 和 400kPa 时摩阻力有所提高，且沥青涂层的影响越来越大，且无论是混凝土块还是钢块，沥青涂层的影响规律相似，但混凝土块受到的影响更大。对于粉土，沥青涂层后，只有法向应力为 100kPa 时滑动摩阻力有所降低，法向应力为 200kPa 时，混凝土块的摩阻力有所降低，法向应力为 300kPa 和 400kPa 时摩阻力有所提高，沥青涂层影响较大，且对粉土而言，沥青涂层对降低混凝土块摩阻力的效果比钢块要好。

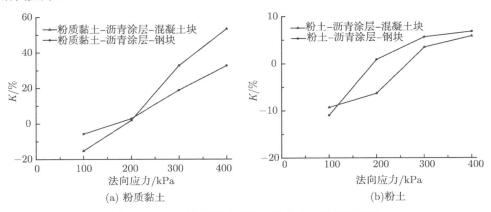

图 3-10　沥青涂层影响系数与法向应力的关系曲线

法向应力较小时，沥青涂层会降低摩阻力，法向应力较大时，沥青涂层反而会增加摩阻力，这对实际工程具有一定的指导意义。因为，在实际工程中，若桩身出现负摩阻力，则分布在桩身中性点以上，该区域桩侧土压力相比中性点以下部分不是很大，说明桩身上部沥青涂层对降低桩侧摩阻力是有效果的，若桩身全身沥青涂层则可能起反作用。

3.4.4   时效性对摩擦性能的影响分析

由于试样静置一段时间后，在不同法向应力作用下，最大摩阻力增长幅度大致相当，故仅给出了法向应力为 200kPa 时粉质黏土和粉土与混凝土块 (钢块) 接触面最大摩阻力时效性增长幅度曲线，如图 3-11 所示。可见，经过一定时间的静置，粉质黏土-混凝土接触面的摩阻力增长幅度大于粉质黏土-钢接触面的摩阻力增长幅度，粉土亦是如此，对于混凝土块，粉土摩阻力提高不到 30%，不是很明显，而粉质黏土摩阻力可以达到原来的 180%。这是由于粉土触变性低，且产生的孔隙水压力消散较快，所以强度变化较小，而粉质黏土的触变作用使其损失的强度随时间逐步恢复，且在开始增长较快，后期变缓，最终接近于极限值。同时，该曲线与文献 [41] 基本符合，且与现场实测时桩的承载力随时间提高的曲线 [58](图 3-12) 相吻合。

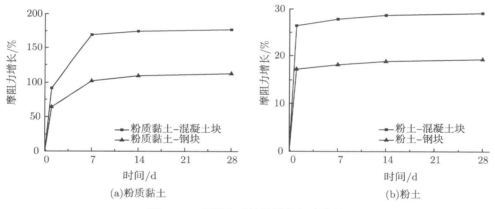

图 3-11   摩阻力时效性增长幅度曲线

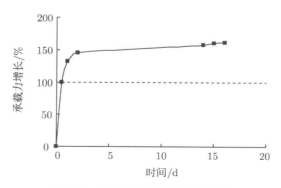

图 3-12   某工程桩承载力增长曲线

文献 [59] 对重塑饱和软土进行重塑后不同休止时间的 UU 三轴试验，得到重塑土内聚力随休止时间的恢复情况为：土的内聚力开始增长较快，后期减缓，最终趋于极限值。这与本章得到的摩擦性能的时效性规律是一致的。

3.5 本 章 小 结

本章以滩涂地区的粉质黏土和粉土为研究对象，依次完成了滩涂土单向剪切试验、土–混凝土、土–钢接触面的剪切试验和沥青涂层后土–混凝土、土–钢接触面的剪切试验，对比分析了粉质黏土、粉土及其与混凝土、钢材料接触面的摩擦性能，研究了沥青涂层和时效性对接触面摩擦性能的影响，得到的结论主要有以下几点：

(1) 法向应力越大，摩阻力越大，摩阻力最大时粉质黏土和粉土受剪时产生的剪切位移大于土–混凝土和土–钢材料的剪切位移，并在法向应力最大 (400kPa) 时有摩阻力软化现象出现。

(2) 最大摩阻力与法向应力呈近似直线关系。大部分情况下，粉质黏土、粉土与混凝土和钢材料复合体的最大摩阻力比纯土要低。除法向应力为 100kPa 外，粉质黏土–钢的最大摩阻力比粉质黏土–混凝土高；粉土–混凝土的最大摩阻力高于粉土–钢的最大摩阻力。

(3) 土与结构材料接触面的最大摩阻力与纯土体的抗剪强度相比，法向应力为 100kPa 时，摩阻力的降低幅值为负值，随着法向应力的增加，降低幅值转为正值，且越来越大，这主要与土的类型、法向应力、结构材料有一定的关系。

(4) 由于土体触变性的不同，粉质黏土与混凝土块 (钢块) 接触面的摩阻力提高较大，具有明显的时效性，前期增长幅度较大，后期减缓，最终趋于极限值，而粉土与混凝土块 (钢块) 接触面的摩阻力提高不大。

(5) 法向应力较小时，沥青涂层会降低摩阻力，法向应力较大时，沥青涂层反而会增加摩阻力，这对消除桩侧负摩阻力具有一定的指导意义。

第 4 章　静压桩施工的挤土效应研究

目前，人们对静压桩施工引起的挤土效应研究包括试验研究、理论研究、数值模拟等方法，其中，试验研究主要采用现场测试、室内模型试验等方法模拟静压沉桩过程，优点是效果良好，但是费用昂贵，特别是现场测试方法；理论研究主要采用圆孔扩张理论、球形孔扩张理论、应变路径法等方法，有时这些方法可以综合考虑，互为补充；数值模拟是指采用有限元软件，如 PLAXIS、ABAQUS 等，建立静压桩施工的有限元模型，进行挤土效应有限元分析。

本章首先采用模型试验方法，研究了静压单桩、排桩、群桩挤土效应对周围土体位移和孔隙水压力的影响，并作了比较分析；然后，介绍了小孔扩张理论，给出了静压沉桩挤土效应引起的水平位移和地表沉降 (隆起) 的估算公式，并与现场测试结果进行了比较分析；最后，采用位移贯入法，采用 ADINA 软件分析了均质土和分层土场地上静压沉桩过程，采用 PLAXIS 软件分析了静压桩施工过程及其对周围环境 (包括地下管线、建筑基坑、市政道路) 的影响 [60−64]。

4.1　挤土效应的试验研究

4.1.1　模型试验设计

模型试验是指用适当的缩尺比例和相似材料制成，在模型上施加相似力系，使模型受力后达到原型结构的实际工作状态，最后根据相似条件，由模型试验的结果推演原型结构的工作性能。总的来说，模型试验要求基本满足几何相似、力学相似、材料相似等相似条件，这种相似原理是联系模型试验和实际工程的桥梁。

这里在模拟静压桩施工时，将原型缩小 1/10 制成模型，相似常数的确定如下：

几何相似：

$$C_L = \frac{l_{\mathrm{m}}}{l_{\mathrm{p}}} = \frac{D_{\mathrm{m}}}{D_{\mathrm{p}}} = \frac{1}{n}, \quad C_A = \frac{A_{\mathrm{m}}}{A_{\mathrm{p}}} = C_L^2$$

加载速度相似：

$$C_V = \frac{V_{\mathrm{m}}}{V_{\mathrm{p}}} = \frac{1}{n}$$

荷载相似：

$$C_P = \frac{P_{\mathrm{m}}}{P_{\mathrm{p}}} = \frac{1}{n}$$

式中，L 为桩长；D 为桩径；A 为桩横截面积；V 为压桩速度；P 为压桩荷载；下标 m 为对应的模型参数；下标 p 为对应的原型参数。

实际上，完全满足以上各个相似条件是比较难的，个别相似指标未完全按相似比例确定，但这里重在分析静压桩施工引起的具体规律，通过这一模型试验完全可以实现研究目的。下面依次介绍模型试验中的模型箱设计、模型桩设计、土体的选取与制备及试验保证措施等。

1. 模型箱设计

在模型箱设计时，参考国内外试验模型箱设计参数[65-69]，如表 4-1 所示，并结合挤土效应模型试验的基本要求，开展模型箱的设计。

表 4-1 模型箱设计参数

槽 (箱) 设计者	长 (内径)/m	宽/m	深/m	模型槽 (箱) 材料
石磊, 殷宗泽	2.10	1.65	1.05	钢筋混凝土
Matsui	0.60	0.30	0.30	钢板和钢化玻璃
Cao Xiaodong	1.70	0.24	0.80	钢筋混凝土
张季如	0.2(0.12)			聚氯乙烯和有机玻璃
宰金珉	2.00	1.00	1.50	角钢支架和钢化玻璃板

试验在模型箱内完成，模型箱采用槽钢做骨架，底部以及四侧壁由 12mm 厚钢板焊接而成，其中一侧由有机玻璃板组成，可供观测土体制备压实状况。模型箱的尺寸以不影响试验的边界条件而确定，其大小定为 1860mm×1060mm×1550mm(高)，如图 4-1 所示。

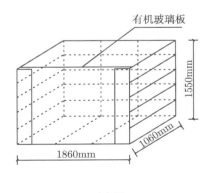

(a)示意图

(b)实物图

图 4-1 模型箱

2. 模型桩设计

一般情况下，根据模型试验和原型试验的力学相似的关系，确定模型桩的材料、数量、直径、长度、布置方式等。对较大的模型桩可采用与原型同标号的钢筋混凝土桩或钢板。当模型桩较小时，可以采用有机玻璃、人造树脂、铝管、钢管、木材或铜棒等材料作模型桩，其弹性模量参考值如下：

有机玻璃：$E = 3.7 \times 10^3 \text{MPa}$

钢管：$E = 2.1 \times 10^5 \text{MPa}$

橡胶：$E = 17.5 \text{MPa}$

当桩材的弹性模量不明确时，应事先进行测定，求得其应力应变关系。模型桩外面按一定间距粘贴电阻应变片以测定桩身应变。若模型桩为铝材时，可将铝材沿纵向剖为两半，在其内壁贴电阻片，然后将管材黏合还原，以此更好地保护测试元件。

这里，根据模型箱的尺寸和模型试验相似理论，模型桩几何比例 $n = 10$，选取 1000 mm 桩长、40 mm 直径的有机玻璃棒，以模拟实际工程中 10m 桩长、0.4m 桩径的平底桩，如图 4-2 所示。有机玻璃棒的弹性模量 $E = 3.7 \times 10^3 \text{MPa}$。沉桩前将有机玻璃棒表面打磨粗糙，增加桩与土之间的摩擦，来模拟混凝土表面与土体间的实际接触。要求沉桩均匀连续，速率约为 2.5mm/s。

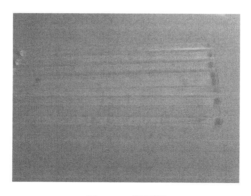

图 4-2　模型桩

3. 土体的选取与制备

模型箱内装填的地基土应根据原型场地的土质或探讨研究的土类选用适当的砂土或黏土，或分层组合。若用砂土，测定并绘制其粒径曲线和细度模数，使其尽可能与原型场地土的粒径曲线相似；若为黏土，尽可能采用原型场地土，使其重塑后与原型具有相同的含水量和固结度。模型试验的地基土介质也可采用钢粒屑如合成金刚砂,以模拟如砾砂、卵石等原型土质的试验。填入模型箱时,地基土应分层填入,用振捣器压实并控制其密实度,使与原型场地土相同。这可在压实后取土样测定其主要物理力学参数,与原型比较。

这里,模型试验用土体取自盐城市区典型软土场地,取回后捏成小块进行大面积的平铺晾晒,然后将晒干的土块敲碎,用粉碎机粉碎成粉状土,加水搅拌均匀,直至密度、含水率、液塑限等土体基本物理力学指标达到既定要求,再分层填筑,并在大约 200kPa 压力下固结 90 天,其物理力学性质指标见表 4-2。

表 4-2　土的物理力学性质指标

重度 $\gamma/(\mathrm{kN/m^3})$	含水量 $w/\%$	液限 $w_L/\%$	塑限 $w_P/\%$	黏聚力 c/kPa	摩擦角 $\varphi/(°)$
17.2	42.6	40.3	22.8	16	10.9

4. 试验保证措施

(1) 在每次试验前都对仪器设备进行检查和标定。

(2) 为保证土体的均匀性,对土体分层夯实。桩压入过程中,对土体按规定的含水量浇水后静置 48h。

(3) 由于试验持续时间较长,将土体用塑料薄膜覆盖,并定期洒水养护,以防土体水分蒸发,影响试验结果,且每次试验结束后对土体基本力学性质指标进行测定,发现变化量很小,可以忽略其影响,每组试验之间具有可对比性。

4.1.2　数据采集

1. 孔隙水压力

沉桩过程中孔隙水压力的变化采用 JD-360 型微型应变式孔隙水压力计测定,该孔隙水压力计由金坛市国信土木工程仪器厂生产,如图 4-3(a) 所示,孔压计的主要技术指标见表 4-3,其数据由应变仪采集,如图 4-3(b) 所示,采集时应记录传感器的变化值、仪器编号、设计编号和采集时间。

表 4-3　孔压计主要技术指标

型号	测量范围/MPa	分辨率 (F·S)/%	外形尺寸 ϕ/mm	接线方式	阻抗/Ω	绝缘电阻
JD-360	0~1.0	$\leqslant 0.02$	30	输入 $\rightarrow$ 输出:AC$\rightarrow$BD	350	$\geqslant 200$

埋设前应首先检查孔压计,确保仪器完好,埋设时需确保孔压计进水口的畅通,为防止泥浆堵塞进水口,应在进水口处做一个人工过滤层,用土工布在进水口处包扎好。埋设前将过滤层在水中充分饱和。埋设孔压计时应特别注意:水泥砂浆不能包裹住孔压计的过滤层,应在孔压计埋设周围用细沙填充捣实,不能留有缝隙。孔压计的埋设见图 4-3(c),此时,纱布尚未裹好。

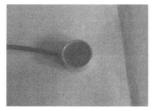
(a)孔隙水压力计

(b)采集孔压的应变仪

(c)埋设中的孔压计

图 4-3   孔隙水压力测试图

本试验中，每个测点埋入 2 个孔压计，分别位于深度 0.5 倍桩长即 500mm 处和 1 倍桩长即 1000mm 处。

孔隙水压力的计算公式：

$$P = K\Delta F + B$$

式中，P 为被测孔隙水压力值 (MPa)；K 为仪器标定系数 (MPa/με)；ΔF 为孔压计基准值相对于实时测量值的变化量 (με)；B 为孔压计的计算修正值 (MPa)。

2. 地表土体位移

沿沉桩方向的中心线上布置若干个位移观测点，以观测沉桩过程中地表处土体的水平位移和隆起变形，如图 4-4 所示。其中，水平位移采用标志点法量测，标志点由串珠针串上小泡沫块做成，采用两台高精度全站仪量测，在拟定观测点处设一泡沫块，并插入串珠针，观测时以串珠针头部的移动为准，观测方法采用前方交会法，如图 4-5 所示；隆起变形采用百分表观测，观测方法是将百分表表头抵在小硬木片上，观测时百分表读数即为土体隆起变形量，如图 4-4(b) 所示。

(a)整体图

(b)局部详图

图 4-4   地表水平位移和隆起变形测点布置图

前方交会法的原理如图 4-6 所示，即采用全站仪在已知点 A、B 上分别向新点 P 观测水平角 α 和 β，从而可以计算 P 点的坐标。但是为检核，有时从三个已知

点 A、B、C 上分别向新点 P 进行角度观测，由两个三角形分别解算 P 点的坐标。同时为了提高交会点的精度，选择 P 点时，应尽可能使交会角 γ 接近于 $90°$，并保证 $30° \leqslant \gamma \leqslant 150°$。

(a)全站仪1　　　　　　(b)全站仪布置整体图　　　　　　(c)全站仪2

图 4-5　地表水平位移量测图

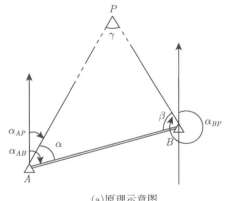 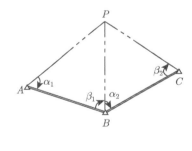

(a)原理示意图　　　　　　　　　　　　(b)检核示意图

图 4-6　前方交会法

1) P 点坐标的计算公式

P 点坐标计算可采用前方交会法的余切公式，计算公式及方法见表 4-4，也可用计算器进行计算。要求 A、B、P 和 B、C、P 的注字方向是逆时针的。

2) 测量精度的检核

由于角度观测有误差，由两组值推算的 P 点坐标不会完全相同。在测量中，由两组计算同一点的坐标差异不得大于 $M/5000\mathrm{m}$，M 为比例尺的分母。

表 4-4　前方交会法

图形与计算公式	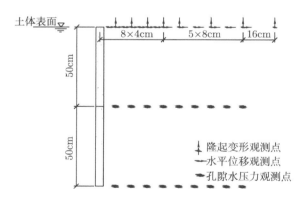	$$y_P = \frac{y_A \tan\alpha + y_B \tan\beta + (x_B - x_A)\tan\alpha\tan\beta}{\tan\alpha + \tan\beta}$$ $$x_P = \frac{x_A \tan\alpha + x_B \tan\beta + (y_B - y_A)\tan\alpha\tan\beta}{\tan\alpha + \tan\beta}$$
x_A	y_A	α　　　　　　　　　　　$\tan\alpha$
x_B	y_B	β　　　　　　　　　　　$\tan\beta$
$x_A - x_B$	$y_B - y_A$	$\tan\alpha\tan\beta=(1)$　　　　　$\tan\alpha+\tan\beta=(2)$
$x_A\tan\alpha=(3)$ $x_B\tan\beta=(4)$ $(y_B - y_A)\times(1)=(5)$ $x_P=[(3)+(4)+(5)]/(2)$		$y_A\tan\alpha=(6)$ $y_B\tan\beta=(7)$ $(x_A - x_B)\times(1)=(8)$ $y_P=[(6)+(7)+(8)]/(2)$

4.1.3　试验工况设计

试验分为 3 组：第 1 组为静压单桩挤土效应的模型试验；第 2 组为 3 根桩组成的静压排桩挤土效应模型试验；第 3 组为 3×3 静压群桩挤土效应的模型试验。具体水平位移观测点、隆起变形观测点、孔隙水压力观测点布置方式分别见图 4-7、图 4-8、图 4-9，这里仅给出静压群桩挤土效应模型试验的实测图，即图 4-10。

图 4-7　沉入单桩时观测点布置示意图 (立面图)

为分析静压桩施工过程对周围土体的影响，每根桩均分两次压入，第一次压入 50cm(模拟压入 5m 深处)，第二次压到 100cm 处 (模拟压到 10m 深处，即沉桩结束时)。

注:——→表示沉桩顺序

(a)平面图

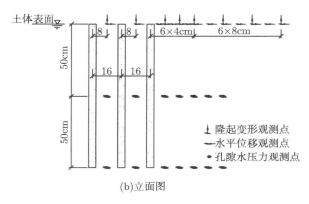

(b)立面图

图 4-8 沉入排桩时观测点布置示意图

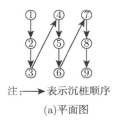

注:——→表示沉桩顺序

(a)平面图

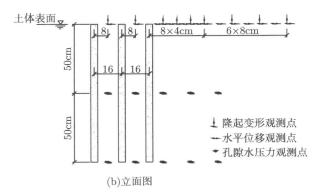

(b)立面图

图 4-9 沉入群桩时观测点布置示意图

图 4-10   沉入群桩结束时试验实测图

4.1.4   试验结果及分析

1. 静压单桩挤土效应的试验分析

图 4-11 为静压单桩分别沉入 50cm、100cm 时，地表土体水平位移和隆起变形与离开桩中心距离 (简称径向距离) 的关系曲线。由图可知，静压单桩在沉入土体50cm、100cm 时，随着径向距离的增大，水平位移和隆起变形呈减小的趋势，而且基本上都是以对数规律衰减的。由于挤土量的增加，地表处土体的水平位移和隆起变形是随着静压桩的沉入而不断增加的。同时，静压单桩沉入 50cm 时，水平位移和隆起变形变化较大，而静压单桩从沉入 50cm 后到沉入 100cm(即全部沉入) 过程中，水平位移和隆起变形的变化不大，这主要是由于上部土体受到约束较小，而下部土体由于受上部土体的约束，对地表的水平位移和隆起变形影响较小。就影响范围而言，静压单桩挤土效应对桩周土体水平位移的影响范围大约为 0.56 倍桩长，对隆起变形的影响范围为 0.72 倍桩长。

图 4-12 给出了静压单桩沉入时土中孔隙水压力与径向距离的关系曲线。由于上覆土压力的不同，受静压单桩施工引起的挤土效应影响，100cm 深度处最大孔压是 50cm 深度处最大孔压的 3~4 倍。从沉桩过程来看，由于挤土量的增加，静压单桩沉入 100cm 时的孔压明显大于静压单桩沉入 50cm 时的孔压。就孔隙水压力的影响范围而言，静压单桩沉入时挤土效应的影响范围在 0.5 倍桩长左右。

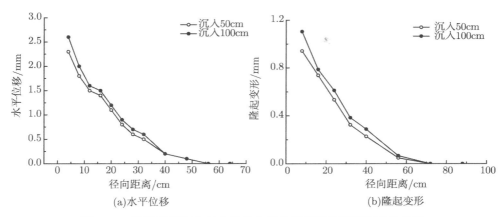

图 4-11　静压单桩沉入时土体的水平位移和隆起变形的变化曲线

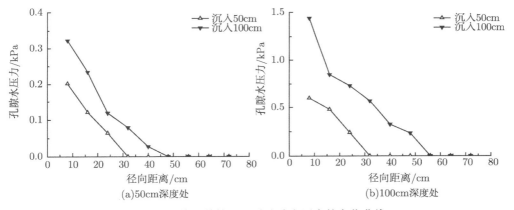

图 4-12　静压单桩沉入时孔隙水压力的变化曲线

2. 静压排桩挤土效应的试验分析

图 4-13 为静压排桩沉入过程中地表土体水平位移和隆起变形与径向距离的关系曲线。可见，沉入第一根桩后，土体位移表现出与单桩相似的特点，沉入第二根桩后，由于土体的遮拦效应，第一根桩和第二根桩之间土体的水平位移只是略有减小，但隆起量增加明显，沉入第三根桩后，桩间土体的水平位移进一步减小，隆起量进一步增加。静压沉桩过程中，由于挤土量的不断增加，排桩外侧土体的水平位移和隆起变形也是不断增加的。从影响范围来看，三根桩全部沉入后，对水平位移和隆起变形的影响均达到 1 倍桩长左右。

静压排桩沉入后，最大水平位移和最大隆起变形所出现的位置也不相同，最大水平位移出现在第三根桩的外侧，最大隆起变形则出现在第三根桩的内侧，这是由于第二根桩和第三根桩之间受到的挤压最大，导致隆起最大，但水平位移由于仅受单侧挤土量的影响，则最大水平位移出现在第三根桩的外侧。

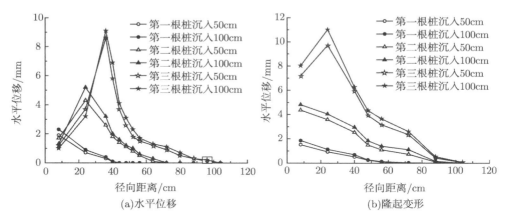

(a)水平位移　　　　　　　　　　　　　(b)隆起变形

图 4-13　排桩沉入时土体的水平位移和隆起变形的变化曲线

　　图 4-14 给出了静压排桩沉入过程中孔隙水压力与径向距离的关系曲线。可以看出，随着静压桩的依次沉入，孔隙水压力呈现不断增加的趋势。100cm 深度处最大孔压是 50cm 深度处最大孔压的 2 倍左右，而沉入单桩时达 4 倍左右，这可能是群桩效应表现出来的结果。就孔隙水压力的影响范围而言，静压排桩挤土效应的影响范围超过 0.7 倍桩长。同时，由于土体的遮拦效应，沉入第三根桩时，第一、二根桩之间的孔隙水压力虽有增加，但增加趋势变缓。

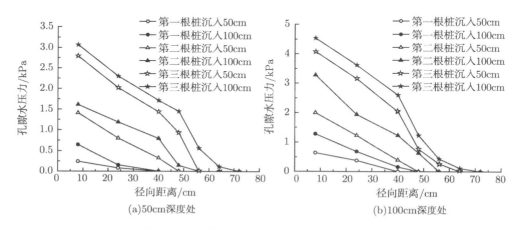

(a)50cm深度处　　　　　　　　　　　　(b)100cm深度处

图 4-14　排桩沉入时孔隙水压力的变化曲线

3. 静压群桩挤土效应的试验分析

图 4-15 给出了静压群桩沉入过程中土体的水平位移和隆起变形与径向距离的关系曲线。可见，随着静压桩的依次沉入，地表土体的水平位移和隆起变形呈现增大趋势，但径向距离越大，挤土效应越弱，地表土体的水平位移和隆起变形越小。

对于静压群桩内部地表土体水平位移，随着桩的依次沉入，第二至第五根桩之间土体和第五至第八根桩之间土体位移都呈现由原点正向增加到峰值后反向回落。其中，第二至第五根桩之间土体水平位移正向位移峰值为 6.6mm，第六根桩沉入过程中重新回到原点；第五至第八根桩之间土体水平位移位移峰值恰在第六根桩沉桩结束时出现，为 9.2mm。沉桩结束后，第二至第五根桩之间土体水平位移反向最大值为 4.6mm。第五至第八根桩之间土体水平位移为 11.2mm，距离原点较远。对于群桩外部地表土体水平位移，随着静压桩的沉入，土体的水平位移不断增加，但随径向距离增加，土体位移是减小的，其影响范围达到 1 倍桩长。

随着静压桩的沉入，地表各测点隆起在不断增加，但随着径向距离的增加而地表隆起数值在减小。当第一根桩沉入时，由于挤密土体的作用，地表隆起变形相对于后面几根桩来说变形很小，而后随着桩的依次沉入，各部分土体发生较大隆起变形，地表隆起量不断增加，但不是成倍增加的。地表隆起最大值发生在最后一根桩沉入后第二至第五根桩之间，隆起量达到 12.92mm，约为桩径 32.3%；对于群桩外部土体，靠近群桩中心周围处地表隆起值最大，远离桩中心靠近桩群外地表隆起值逐渐减小，其挤土效应影响范围超过 1.1 倍桩长。

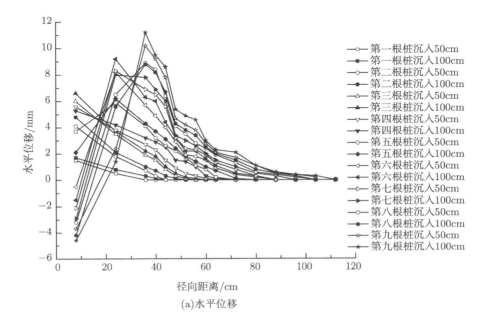

(a)水平位移

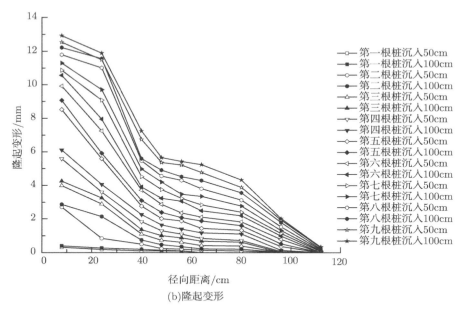

(b)隆起变形

图 4-15　群桩沉入时土体的水平位移和隆起变形的变化曲线

图 4-16 给出了静压沉桩过程中孔隙水压力与径向距离的关系曲线。可见，由于上覆土压力的不同，100cm 深度处孔压比 50cm 深度处的孔压要大，且随着群桩

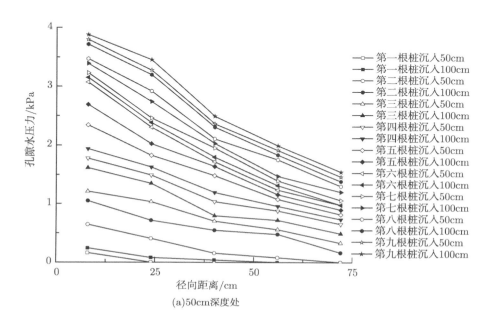

(a)50cm深度处

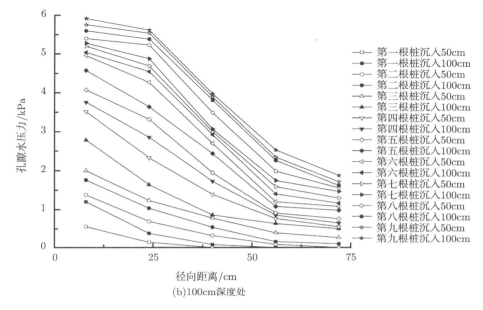

图 4-16 群桩沉入时孔隙水压力的变化曲线

中 9 根桩的依次沉入, 孔隙水压力呈现不断增大的趋势。在沉入第七、八、九根桩时, 由于土体的遮拦效应, 第二至第五根桩之间的孔隙水压力变化趋势相对缓慢。就影响范围而言, 径向距离在 0.7 倍桩长处, 静压群桩挤土效应对孔隙水压力的影响仍然存在, 且比较明显。

4. 试验结果的比较与分析

排桩和群桩的水平位移最大值均出现在桩群外侧, 且由于群桩的挤土量明显较大, 群桩的水平位移大于排桩的水平位移, 由于土体遮拦效应和群桩效应的特点, 对于隆起变形的最大值, 排桩出现在第二和第三根桩之间, 群桩则出现在第二至第五根桩之间。沉入单桩、排桩和群桩时的孔隙水压力变化规律是基本一致的, 即随着径向距离的增大, 孔隙水压力逐渐减小, 桩群内部的孔压大于外部的孔压。为便于比较分析, 表 4-5 和表 4-6 分别给出了桩群内部和外侧地表水平位移、隆起变形及孔隙水压力的最大值。可以发现, 最大值均出现在距离桩群最近的测点处, 其中, 单桩的各项数值明显较小, 而由排桩到群桩, 地表位移增大幅度较小, 相比而言, 孔隙水压力增大更为明显。

表 4-5　桩群内部位移和孔隙水压力的最大值

桩的平面布置方式	地表位移/mm		孔隙水压力/kPa	
	水平位移	隆起变形	50cm 深度处	100cm 深度处
单桩	—	—	—	—
排桩	5.2	11.01	3.07	4.54
群桩	9.2	12.92	3.88	5.92

表 4-6　桩群外侧位移和孔隙水压力的最大值

桩的平面布置方式	地表位移/mm		孔隙水压力/kPa	
	水平位移	隆起变形	50cm 深度处	100cm 深度处
单桩	2.63	1.10	0.32	1.44
排桩	9.11	6.26	1.71	2.60
群桩	11.24	7.23	2.49	3.98

表 4-7 给出了沉入单桩、排桩和群桩时挤土效应的影响范围，其中，沉入群桩时，由于孔隙水压力计布置较少，仅得出孔隙水压力的影响范围远大于 $0.72l$。可以看出，由单桩到排桩，沉桩挤土效应的影响范围明显增加，而由排桩到群桩，其影响范围虽有增加，但增加幅度明显减小。同时，就本试验结果而言，可以推断挤土效应对地表位移的影响范围要大于对孔隙水压力的影响范围。说明在实际工程中，不仅要做好孔隙水压力的监测工作，更要做好土体变形的监测工作，因为挤土效应对土体变形的影响范围更大。

表 4-7　挤土效应的影响范围

桩的平面布置方式	地表位移		孔隙水压力	
	水平位移	隆起变形	50cm 深度处	100cm 深度处
单桩	$0.48l$	$0.56l$	$0.4l$	$0.48l$
排桩	$0.96l$	$1.04l$	$0.64l$	$0.64l$
群桩	$1.04l$	$>1.12l$	$\gg 0.72l$	$\gg 0.72l$

注：l 为桩长。

4.2　挤土效应的理论研究

4.2.1　小孔扩张理论

在沉桩过程中，除桩尖和地面附近之外的绝大部分桩身周围，土的变形类似一个圆柱形孔扩张引起的变形，桩尖处土的形变类似一个球形孔扩张引起的形变。以下着重讨论了圆柱形小孔扩张问题。为了利用弹塑性理论求解其沉桩时的应力和变形,假定:①土是均匀的各向同性的理想弹塑性材料;②饱和软土是不可压缩的(无排水固结的瞬间挤土);③土体符合莫尔–库仑强度理论;④小孔扩张前,土体的各向有效应力均等。则小孔扩张的塑性区半径为

$$R_p = r_0 \sqrt{\frac{E}{2(1+\mu)c_u}} \tag{4-1}$$

径向挤土应力为

$$\sigma_r = c_u \left(2\ln\frac{R_p}{r} + 1\right) \tag{4-2}$$

竖向挤土应力为

$$\sigma_z = 2c_u \ln\frac{R_p}{r} \tag{4-3}$$

桩土界面的最大挤压应力为

$$p_r = c_u \left(2\ln\frac{R_p}{r_0} + 1\right) \tag{4-4}$$

式中,c_u 为桩周饱和土的不排水抗剪强度;r 为离桩中心径向距离;r_0 为扩张孔(桩)的半径;E 为桩周饱和土的弹性模量;μ 为桩周饱和土的泊松比。

可见,沉桩挤土效应有如下特性:

(1) 挤土塑性区半径 R_p 随土的弹性模量增大和不排水抗剪强度减小而增大。对于具体工程,塑性区半径 R_p 与扩张孔即桩径成正比,桩径越大,塑性区半径越大,挤土范围越大。对于群桩挤土,其塑性区则是相互叠加的,其挤土效应更加明显。

(2) 径向挤土应力和竖向挤土应力随着径向距离的增大而递减,竖向应力在塑性区外边界上递减为零。可以认为,理论上,若桩距大于塑性区半径时,后沉桩对先沉桩不产生竖向挤土应力,桩不易产生"浮桩"现象。

从桩中心开始,沿径向向外至 $R_p\sqrt{e}$ 处,$\sigma_r = 0$,也就是说,理论上,假如桩距大于 $R_p\sqrt{e}$ 时,后沉桩对先沉桩不产生径向挤土应力,先沉桩不会因后沉桩施工而产生偏位或倾斜等情况。

(3) 在沉桩过程中桩表面出现最大挤土压应力 p_u,伴随着最大超孔压 Δu 出现,两者近似相等。当超孔压值超过土的有效压应力和土的抗拉强度时,便会发生裂缝而消散。沉桩过程中超孔压一般稳定在土的有效自重范围内,瞬时偶尔可超过土有效自重的 20%~30%。沉桩停止后,孔压消散初期较快,以后变缓,近表层土和近砂、砾土孔压消散较快。同时,沉桩速率越快,土体因超孔压产生的隆起量和侧移量越大。

4.2.2   工程估算公式

在实际工作中,需要预估打桩对周围环境影响的范围、影响的程度以及考虑采取的对策。群桩的情况比较复杂,理论分析十分困难,不可能用一个公式把各种复杂的因素全部包括进去,况且这些因素是在不断地变化着,为此,上海市市政工程管理局编制的《软土市政地下工程施工技术手册》提出了一个估算水平位移和竖向位移的简易方法以供参考,这个方法是根据挤土量相等的原理以及多年来实际工程实测经验总结得到的。

根据无限长圆柱形小孔扩张的概念,可按平面问题考虑,如图 4-17 所示。小孔扩张的面积 F_1 必等于 F_2。

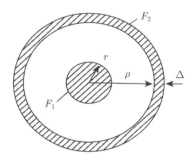

图 4-17   桩土面积等代关系

$$F_1 = \pi r^2 \quad (\text{桩的截面})$$

离小孔中心半径为 ρ 的边界面,将会发生 Δ 位移,因此

$$F_2 = \pi[(\rho + \Delta)^2 - \rho^2] = F_1$$

所以

$$\Delta^2 + 2\rho\Delta - F_1/\pi = 0$$

$$\Delta = \sqrt{\rho^2 + \frac{F_1}{\pi}} - \rho \tag{4-5}$$

根据工程经验,在软土地区打桩,土体总的挤出量约为桩体积的 40%,而这部分土体中有 60% 左右的土体被挤向打桩区四周,因此,实际的位移量应为

$$\Delta_{\text{实}} = k_1 k_2 \Delta \tag{4-6}$$

式中,k_1 为挤土系数,与土的塑性指数、饱和度以及沉桩速率有关。对于饱和土,塑性指数越大,挤土系数越大,挤土系数还取决于土体的可压缩性,相当于体积变化因素 ε,根据沿海地区情况,可取 $k_1 = 0.70 \sim 0.95$。k_2 为挤土分配系数,与桩的

根数、密度和沉桩方向等因素有关，按常规的设计，选用的单桩承载力和桩距以及打桩的方法可取 $k_2 = 0.50 \sim 0.80$。

在式 (4-6) 中所表示的 $\Delta_{\text{实}}$ 是按无限圆柱形小孔考虑的，即所有的土体只发生径向位移，实际情况土体是半无限体，因此在距离地表某一深度范围内，既有径向水平位移，也有竖向位移 (沉降或隆起)。从若干项工程的实测经验表明，水平向位移约为竖向位移的 2 倍。因此，可将式 (4-6) 乘以位移分配系数，分别得到水平位移和竖向位移：

$$\Delta_H = k_1 k_2 k_3 \Delta \tag{4-7}$$

$$\Delta_v = k_1 k_2 k_3' \Delta \tag{4-8}$$

式中，Δ_H、Δ_v 为估算的水平位移和地表沉降；k_3 为水平向位移分配系数，$k_3 = 3/5 \sim 2/3$；k_3' 为竖向位移分配系数，$k_3' = 1 - k_3$。

由式 (4-7)、式 (4-8) 可以求出任一位置的水平位移和竖向位移，反之，也可以根据一定的标准和要求，确定沉桩的影响范围。例如，上海市政部门对各类管线位移规定的许可值如表 4-8 所示。而对于桩区周围的建筑物，可用墙体材料相对挠度 $\varepsilon = \Delta/L$ 作为其受沉桩挤土效应影响的评价标准，表 4-9 列出了各种墙体材料的最大许可相对挠度值，根据该值就可预测建筑物在沉桩过程中的危险性。

表 4-8　管线位移许可值

管线名称	容许竖向位移/mm	容许水平位移/mm
雨水管	50	50
上水管	30	30
煤气管	10~15	10~15
隧道	5	5

表 4-9　各种墙体材料最大许可相对挠度值

材料	$\varepsilon/\%$
砌体	0.02
素混凝土	0.03
钢混凝土	0.05

估算公式应用实例：打 4 根钢筋混凝土预制桩，桩截面 400mm×400mm，间距 2.5m，长 30m，估算桩周挤土影响值。先计算当量单桩面积 $F_1 = 4×0.4×0.4 = 0.64\text{m}^2$。由于预制桩为排土桩，故取 $k_1 = 0.90$，$k_2 = 0.80$，$k_3 = 2/3$，计算结果如表 4-10 所示。

实测结果表明，计算结果是可靠的。因此，用这个简易方法，可以预测土体位移，评价管线及建筑物的危害性，在实际工程中有一定的应用价值。

表 4-10   打桩影响范围

F_1/π	ρ/m	$\Delta = \sqrt{\rho^2 + \dfrac{F_1}{\pi}} - \rho/mm$	$\Delta_H = k_1 k_2 k_3 \Delta/mm$	$\Delta_v = k_1 k_2 k_3' \Delta/mm$
0.204	6.5	20	9.6	4.8
	21.45	5	2.4	1.2
	23.4	4.4	2.1	1.06
	38.6	2.7	1.3	0.65

对于群桩施工，可以采用叠加的方式来进行简化估算土体的水平位移和隆起位移量 [70]。

假设群桩施工时，桩群有 M 排、N 列，桩均匀布置，即各桩间距相等 (图 4-18)，取打桩最可能产生较大位移的桩群外的中间点 o 处为计算点，对于靠近 o 点的第一排桩在 o 处产生的位移可以用第一排每一根桩在 o 点处产生的进行叠加：由于取中间点计算，所以 y 方向的位移相互抵消。事实上，即使不是中间点，其在 y 方向上的位移一定小于 x 方向的，而我们通常考虑的是可能的最大位移，所以 y 方向的位移分量可以不必考虑，对其他点的计算同此方法。对 o 点 x 方向的位移计算如下：

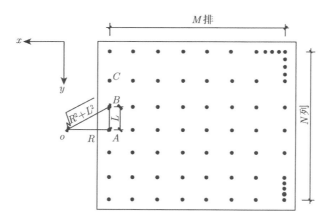

图 4-18   群桩布置示意图

对于 A 桩，

$$\Delta_{01} = \sqrt{R^2 + \frac{F_1}{\pi}} - R$$

B 桩，

$$\Delta_{11} = \left(\sqrt{R^2 + L^2 + \frac{F_1}{\pi}} - \sqrt{R^2 + L^2} \right) \frac{R}{\sqrt{R^2 + L^2}}$$

C 桩,

$$\Delta_{21} = \left[\sqrt{R^2 + (2L)^2 + \frac{F_1}{\pi}} - \sqrt{R^2 + (2L)^2} \right] \frac{R}{\sqrt{R^2 + (2L)^2}}$$

最后一根桩,

$$\Delta_{n1} = \left[\sqrt{R^2 + (nL)^2 + \frac{F_1}{\pi}} - \sqrt{R^2 + (nL)^2} \right] \frac{R}{\sqrt{R^2 + (nL)^2}}$$

(N 为偶数时, $n = N/2$; N 为奇数时, $n = (N-1)/2$)。

所以, 第一排在 x 方向总位移为

$$\Delta_1 = \sum_{i=0}^{n} \left[\sqrt{R^2 + (iL)^2 + \frac{F_1}{\pi}} - \sqrt{R^2 + (iL)^2} \right] \frac{R}{\sqrt{R^2 + (iL)^2}}$$

对于第二排, 只需将上面的计算公式中的 R 改为 $R + L$ 即可, 对于第三排桩只需将上式中的 R 改为 $R + 2L$。

以此类推, 由于另外一边也一样计算, 所以只需要计算到中间一排即可, 最后将所有的位移再直接相加就可以得到计算点的总位移:

$$\Delta_{总} = \sum_{j=0}^{m} \Delta_j$$

(M 为偶数时, $m = M/2$; M 为奇数时, $m = (M-1)/2$)。

然后将其分别代入式 (4-7) 和式 (4-8), 就可以得到该点的水平位移和竖向隆起。

上述计算过程可以通过编制程序快速得到计算结果。

4.2.3 现场测试的比较与分析

这里, 采用文献 [71] 和 [72] 的工程实例内容, 比较分析工程估算公式计算结果与现场测试结果。

1. 工程概况

根据工程地质报告, 某工程自上而下主要土层物理力学指标详见表 4-11, 地下水位埋深 1~2m, 地下水位随季节变化较大, 雨季地下水位上升接近地表。土层主要为第四系滨海相沉积土, 如表 4-11 所示。

表 4-11　各土层主要物理力学性质指标一览表

层号	地层名称	层厚/m	天然重度 $\gamma/(kN/m^3)$	压缩模量 E_{S1-2}/MPa	极限侧阻力标准值 q_{sik}/kPa	极限端阻力标准值 q_{pk}/kPa	承载力标准值 f_k/kPa
0	素填土	1.2~1.7	18.0				
1	粉质黏土	0.8~2.0	18.8	6.4	40		100
2	粉土	1.4~6.6	19.0	4.6	25		80
3	淤泥质粉质黏土	5.4~15.1	17.5	3.0	15		70
4	黏土	3.0~18.2	19.5	10.8	50	2500	180
4-1	粗砂	0.0~3.5	20.1	9.2	60	5000	
5	粉质黏土	1.0~7.6	18.3		30		120
6	粉质黏土	1.0~20.1	20.1	12.7	70	3500	210
7	粉质黏土混碎石	0.2~20.2	19.8	9.2	80	4000	
7-1	中细砂	0.0~8.2	19.5		70	6000	
8-1	强风化凝灰岩	—	23.0				
8-2	中等风化凝灰岩	—	24.2				

2. 监测目的和内容

　　为了了解试桩区域内在打桩前后各土层土质的变化情况以及打桩产生的挤土情况和其引起的超静孔压上升和消散的变化过程，以及打桩造成的地面隆起、指导打桩施工顺序和确定基坑开挖时间等，对试桩区域进行原位监测，包括两个内容：超静孔隙水压力监测及深层土体水平位移监测，监测点见图 4-19，图 4-20 为试桩区桩位布置及打桩次序图，表 4-12 为锚桩和试桩的打桩序号及打桩时间表。

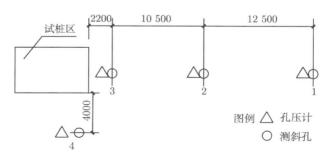

图 4-19　测斜孔、孔压计平面布置图 (单位：mm)

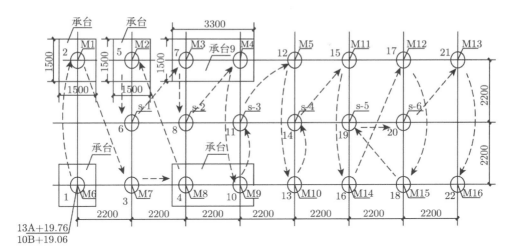

图 4-20　试桩区桩位布置及打桩次序图 (单位: mm)

表 4-12　打桩序号及打桩时间表

打桩序号	桩号	施工日期	打桩序号	桩号	施工日期
1	M6	3.18	12	M5	3.22
2	M1	3.19	13	M10	3.22
3	M7	3.19	14	S-4	3.22
4	M8	3.19	15	M11	3.23
5	M2	3.19	16	M14	3.23
6	S-1	3.20	17	M12	3.23
7	M3	3.20	18	M15	3.23
8	S-2	3.21	19	S-5	3.23
9	M4	3.21	20	S-6	3.23
10	M9	3.21	21	M13	3.24
11	S-3	3.22	22	M16	3.24

主要监测内容有以下两方面。

1) 孔隙水压力监测

监测依据:《孔隙水压力测试规程》(CECS 55:93)。

仪器埋设要求:在试桩区外土层中共埋设孔隙水压力计 4 组,埋设深度分别为 5m、10m、15m、20m、25m,总计埋设孔隙水压力计 20 只,以量测打桩引起的孔隙水压力变化情况。

孔隙水压力计的埋置方法:在测斜孔附近选取预定的孔隙水压力计埋设位置,进行钻孔,钻孔直径为 10cm。每孔埋设 5 个孔隙水压力计。严格控制钻孔的倾斜度,用细铅丝悬挂拉直仪器,精确测量放入孔内的深度,用钻杆将孔隙水压力计压至既定深处，再继续回填土至上一个孔压计位置，直至封孔。

2) 深层土体水平位移监测

测斜管的埋设方法：根据地质资料选取测斜位置，在预定的测斜管埋设位置钻孔，钻孔直径 10cm，孔深为 30m。首先将测斜管底部装上底盖，再逐节组装，放入钻孔内。安装测斜管时，随时检查其内部的一对导槽，使其始终分别与场地边界走向垂直或平行，使得测得的位移能够准确反映两个方向的变化。在管内注入清水，沉管到孔底，再向测斜管与孔壁之间的空隙内由下而上逐段用砂填实，固定测斜管。

3. 监测结果与分析

1) 超静孔压监测结果及分析

土体中超静孔隙水压力的产生和消散的过程属于土体的挤土与固结问题，随着打桩的进行，土体挤压引起孔隙水压力的变化，打桩过程中超静孔隙水压力的产生及消散对沉桩过程挤土影响具有重要意义，由于土质原因及测试持续时间较短，还看不出超静孔压消散的明显迹象，选取 1 号孔和 2 号孔分析如图 4-21 所示。

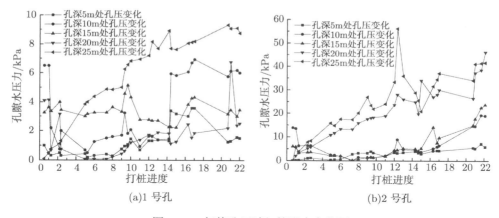

(a)1 号孔   (b)2 号孔

图 4-21　超静孔压随打桩进度变化图

1 号孔在打桩间隙超静孔压有所消散，随打桩的进行呈波浪形上升趋势，地表以下 25m 处的孔压计量测结果最大，打桩完毕后最大超静孔压 9.3kPa。

2 号孔超静孔压随桩的进行依然呈波浪形上升，越靠近孔底的位置，起伏幅度越大；距地表 25m 处孔压变化最大，第 12 根桩施工完毕后孔压达到最大值 56kPa。

根据超静孔压变化图，可以总结出以下规律：

(1) 离打桩区域越近，超静孔压变化越明显。离打桩区最远的 1 号孔，超静孔压最大值仅为 9.3 kPa，离打桩区越远，超静孔压的最大值越小。

(2) 超静孔压的变化一般呈先上升,再小幅下降,再上升的趋势。打桩工作都在白天进行,前后共持续了 7 天。夜间虽然没进行施工,但从孔压变化的趋势来看,白天施工以后,夜间的超静孔压没有大的消散,这与打桩区域的土层性质有关。桩长范围内的土体主要以淤泥质粉质黏土为主,超静孔压的消散相对比较缓慢。

(3) 离打桩区域距离不同,超静孔压随深度的变化也有所不同。离打桩区域越远,超静孔压最大值出现在距地表 25m 处,随着距离的减少,超静孔压的最大值位置相应往上移。

当孔隙水压力增长达到警戒值时,将会造成地基土有较大的位移或失稳。按《孔隙水压力测试规程》的有关规定,确定超静孔隙水压力与有效覆盖压力之比达到 0.6 为警戒值。埋设孔压计的各土层有效容重按 8.5kN/m³ 计算,3 号和 4 号孔超静孔压与有效覆盖压力的比值见表 4-13、表 4-14。

表 4-13　3 号孔超静孔压最大值及其与有效覆盖压力的比值汇总表

项目	5m	10m	15m	20m	25m
超静孔压最大值/kPa	35.9	84.1	163.5	159.7	65.1
超静孔压/有效覆盖压力	0.8	1.0	1.3	0.9	0.3

表 4-14　4 号孔超静孔压最大值及其与有效覆盖压力的比值汇总表

项目	5m	10m	15m	20m	25m
超静孔压最大值/kPa	41.8	82.9	180	129.7	41.6
超静孔压/有效覆盖压力	1.0	1.0	1.4	0.8	0.2

3 号、4 号孔在距地表 20m 处深度以上、超静孔压与有效覆盖压力之比大于警戒值,其中距地表 15m 以下超静孔压与有效覆盖压力之比最大,因此应该适当减小打桩速率。1 号、2 号孔超静孔压与有效覆盖压力的比值没有超过警戒值。

2) 水平位移监测结果及分析

预制管桩的打入造成桩周土体的复杂运动,在地表处,土体一般会有向上的隆起,在桩体中部,由于上部土体的约束作用,土体将以侧向变形为主,桩尖以下土体以竖向的压缩变形为主。管桩的打入过程是一个三维的动态力学过程,与各层土的性质及受力状态都有联系,因而需要在周围埋设测斜管来利用现场试验指导工程。

由于测斜工作量比较大,为不影响试桩施工进度,每 3 ~ 5 根桩施工完毕后,进行一次测斜工作,期间停止打桩。选取 1 号孔和 3 号孔分析,其土体水平位移与打桩的进度关系如图 4-22 所示。

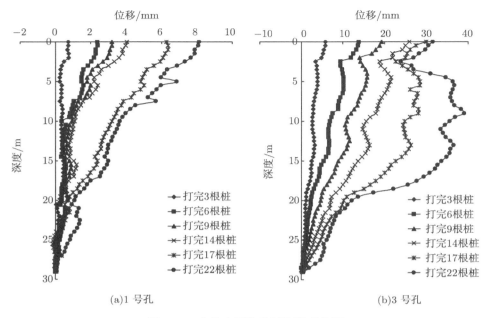

(a)1 号孔   (b)3 号孔

图 4-22　土体水平位移随深度变化图

1 号测斜管最大位移发生在地表处，最大侧向位移为 8.1mm，施工完毕后，土体侧向位移由地表往下总体表现为逐渐减少的趋势。

3 号测斜管在第 14 根桩施工完毕时，侧向位移表现为由下至上逐步增大的趋势，最大侧向位移出现在地表处。随着施工的进行，5~15m 之间的土体水平位移迅速增大，第 22 根桩打完后，离地表 9.5m 处出现位移最大值 38mm，而离地表 15m 处位移值为 34mm。

从测斜结果可以总结出以下规律：

(1) 一般从桩底到桩顶侧向位移逐渐增大，但不是一种线性变化，局部有侧向鼓出。

(2) 侧向最大位移也不一定发生在地表，主要有两个原因，一是与土的性质有关，地表 5m 以下土质较软；二是在地表处转化为二向应力状态。

(3) 随距离打桩区距离的增加，侧向位移急剧减小。

4. 工程估算公式计算结果与实测结果的比较

为了验证上述估算方法，将用此方法计算的结果与工程上实测的数据进行比较。工程实例为上文所述，由于此工程在监测中没有设置地表隆起的观测点，因此只比较水平位移的计算结果。取 $k_1 = 0.8$，$k_2 = 0.7$，$k_3 = 0.65$，结果列于表 4-15。

从表 4-15 可以看出，按公式计算得到的比实测的偏大，原因可能是实际工程中桩是一根一根打下去的，在中间停留的时间里，桩周的挤压力释放，土体回弹，而计算中却假设所有的桩同时打下去，所以计算的位移值有可能比实际偏大。但总的来讲，此方法还是具有一定的参考价值。

表 4-15   土体位移计算与实测比较

计算点	Δ_H 计算值/mm	Δ_H 实测最大值/mm	Δ_H 的差别/%
1 号孔	10	8.1	23
2 号孔	18	16.2	11
3 号孔	36	33	9
4 号孔	70	66	6

对于桩群中间的土体位移，由于各个方向传来的压力引起的位移有相互抵消的作用，所以不会太大，对于本书研究沉桩对周围环境的课题影响不大，但若是研究桩的承载力及桩身弯曲等课题，还是有一定影响的。

4.3   挤土效应的数值模拟

4.3.1   数值模拟在静压桩施工中的几个问题

1. 沉桩贯入方法

静压沉桩挤土效应相对于其他研究方法，有限元模拟能够考虑更多的因素，因而很多学者都致力于此，具体有三种方法来模拟桩的贯入，分别是力贯入法、圆孔扩张法、位移贯入法，如图 4-23 所示。

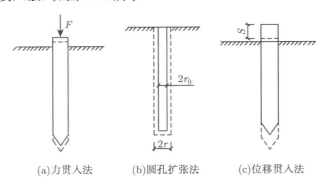

(a)力贯入法   (b)圆孔扩张法   (c)位移贯入法

图 4-23   模拟桩贯入的三种方式

1) 力贯入法

在桩顶直接施加压力，如图 4-23(a) 所示，使桩向下贯入 (沉降) 某一距离，但贯入的距离较小且不易预先确定。此种计算相当于将桩的荷载加至破坏，使桩产生贯入的静荷载试验。因假定土体为弹塑性材料，加荷过大 (超过破坏值) 会导致计算异常，而加荷太小又不能产生塑性应变和贯入，故并不是有限元分析沉桩挤土的最优方法。

2) 圆孔扩张法

把静压桩的贯入看成圆柱形孔扩张，如图 4-23(b) 所示，这是大多数静压桩挤土有限元计算所采用的图式。由于打桩过程是从土体表面慢慢地贯入土体的过程，此方法则假设桩已经全部在土体中，然后沿着半径方向往外扩张，实际上忽略了实际情况，用该方法往往不能测出打桩过程中土体的沉降。

3) 位移贯入法

在不同深度上直接贯入一定的距离，如图 4-23(c) 所示。桩顶不需要施加外力，桩的贯入是依靠对在桩顶施加的位移边界条件实现的。这实质上是使桩产生向下的运动，该运动对桩周土的作用，视为与桩顶施加外力时一样，故可称作 "位移贯入法"。桩侧表面与土之间则采用滑动接触摩擦模式，并采用非线性大变形算法。

计算中，将桩预置在一定深度上，然后令其贯入，向下贯入的距离为 10cm 左右。这样大的距离完成后，桩端周围土的受力状况与桩连续贯入到该深度时相似。

位移贯入法 [73] 利用边界位移条件使桩贯入，计算中可采用弹塑性本构关系、考虑大变形和桩–土接触面，力学概念清晰，比较接近静压沉桩实际。这里采用位移贯入法，首先采用 ADINA 有限元软件分析均质土场地上静压沉桩过程，并与分层土场地上静压沉桩过程进行比较分析，然后采用 PLAXIS 有限元软件分析静压桩施工过程及其对周围环境的影响。

2. 大变形问题

静压沉桩时，桩侧土体发生较大的位移，即涉及大变形问题，桩侧土体处于大变形、大应变状态。要真正反映桩周土体的几何非线形则宜采用连续介质力学大变形理论来分析。但是，研究表明，大变形结果和小变形结果差别不大，约 6.4%。因此，采用小变形来分析静压沉桩过程是可以接受的。这里分析计算时采用小位移、小应变。

3. 土体本构关系

在以前的文献中有采用 Mohr-Coulomb 屈服准则、修正剑桥模型，以及边界面模型的。现有的大多数本构模型在小应变 (<20%) 的情况下能较好地反映土体应力应变之间的关系，而在大应力大应变的情况下有些本构模型的使用不理想。沉桩过程中，桩周部分土体产生严重拉裂和剪切，桩表面附近的土层已进入塑性破坏状态，应变值和应力值都很大，达到了材料的破坏应力，因此，选择怎样的塑性本构模型来描述静压沉桩过程中土体的应力应变关系是一个很重要的问题。现在广泛

使用的模型有修正剑桥模型和 Mohr-Coulomb 模型，这里采用 Mohr-Coulomb 模型进行模拟。

Mohr-Coulomb 模型包括 5 个参数：土体弹性模量 E，泊松比 μ，内摩擦角 ϕ，黏聚力 c 和剪胀角 ψ。在 Mohr-Coulomb 模型中，其实是用这 5 个参数对土体行为进行了近似一阶的描述，而 5 个参数其实是取了单一土层的平均值，这虽然会产生一定的误差，但是这能通过快速的计算得出土体变形的初步情况。当然土体的初始条件在许多土体变形问题中起着重要的作用，而在 Mohr-Coulomb 模型中可以通过选择适当的 K_0 值，生成初始土体应力，为计算提供帮助。

在 Mohr-Coulomb 模型中，最主要的是 Mohr-Coulomb 屈服条件的运动，若用主应力来描述，该屈服条件可由 6 个函数组成：

$$f_{1a} = \frac{1}{2}\left(\sigma_2' - \sigma_3'\right) + \frac{1}{2}\left(\sigma_2' + \sigma_3'\right)\sin\phi - c\cos\phi \leqslant 0$$

$$f_{1b} = \frac{1}{2}\left(\sigma_3' - \sigma_2'\right) + \frac{1}{2}\left(\sigma_2' + \sigma_3'\right)\sin\phi - c\cos\phi \leqslant 0$$

$$f_{2a} = \frac{1}{2}\left(\sigma_3' - \sigma_1'\right) + \frac{1}{2}\left(\sigma_1' + \sigma_3'\right)\sin\phi - c\cos\phi \leqslant 0$$

$$f_{2b} = \frac{1}{2}\left(\sigma_1' - \sigma_3'\right) + \frac{1}{2}\left(\sigma_1' + \sigma_3'\right)\sin\phi - c\cos\phi \leqslant 0$$

$$f_{3a} = \frac{1}{2}\left(\sigma_1' - \sigma_2'\right) + \frac{1}{2}\left(\sigma_1' + \sigma_2'\right)\sin\phi - c\cos\phi \leqslant 0$$

$$f_{3b} = \frac{1}{2}\left(\sigma_2' - \sigma_1'\right) + \frac{1}{2}\left(\sigma_1' + \sigma_2'\right)\sin\phi - c\cos\phi \leqslant 0$$

而这 6 个函数可组成 Mohr-Coulomb 在主应力空间中的屈服面，如图 4-24 所示。

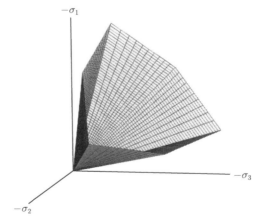

图 4-24 主应力空间中的 Mohr-Coulomb 屈服面

除了这些屈服函数, Mohr-Coulomb 模型还定义了 6 个塑性势函数:

$$g_{1a} = \frac{1}{2}\left(\sigma_2' - \sigma_3'\right) + \frac{1}{2}\left(\sigma_2' + \sigma_3'\right)\sin\psi$$

$$g_{1b} = \frac{1}{2}\left(\sigma_3' - \sigma_2'\right) + \frac{1}{2}\left(\sigma_3' + \sigma_2'\right)\sin\psi$$

$$g_{2a} = \frac{1}{2}\left(\sigma_3' - \sigma_1'\right) + \frac{1}{2}\left(\sigma_3' + \sigma_1'\right)\sin\psi$$

$$g_{2b} = \frac{1}{2}\left(\sigma_1' - \sigma_3'\right) + \frac{1}{2}\left(\sigma_1' + \sigma_3'\right)\sin\psi$$

$$g_{3a} = \frac{1}{2}\left(\sigma_1' - \sigma_2'\right) + \frac{1}{2}\left(\sigma_1' + \sigma_2'\right)\sin\psi$$

$$g_{3b} = \frac{1}{2}\left(\sigma_2' - \sigma_1'\right) + \frac{1}{2}\left(\sigma_2' + \sigma_1'\right)\sin\psi$$

这些塑性势函数包含了第三个塑性参数, 即剪胀角 ψ。它用于模拟正的塑性体积应变增量 (剪胀现象), 就像在密实的土中实际观察到的那样。

由上得到的六棱锥可以很精确地得到土体发生屈服时的情况, 也可以十分精确地模拟屈服面相交情况下的过渡过程。同时为了考虑土不能承受拉应力而标准 Mohr-Coulomb 准则却允许有拉应力的矛盾, Mohr-Coulomb 模型还采用指定 "拉伸截断" 来模拟, 即不允许存在有正的主应力 Mohr 圆。从而引入了另外 3 个屈服函数:

$$f_4 = \sigma_1' - \sigma_t \leqslant 0$$

$$f_5 = \sigma_2' - \sigma_t \leqslant 0$$

$$f_6 = \sigma_3' - \sigma_t \leqslant 0$$

式中, σ_t 在使用 "拉伸截断" 时的缺省值为零。在这样的屈服面下, 模型可以保证土体的弹性行为且可以遵守各向同性的线弹性 Hooke 定律。

4. 桩土界面的处理

研究静压桩施工引起的挤土效应时, 桩土界面的处理是模拟静压沉桩过程中的一个关键问题。实际压桩过程中, 桩与土之间的边界是待定的, 受很多条件的制约, 如总体平衡、内部应力分布、变形协调等。

5. 固结问题

静压沉桩过程中, 当桩挤开其周围土体时, 土体中的总应力增加。同时, 桩周土体由于剪切和重塑, 有效应力在增大或减小。正常固结黏土不排水剪切时趋于收缩, 有效应力减小, 孔隙水压力增加。沉桩完成后, 孔隙水压力从较高的孔压区向较低的孔压区消散, 这使桩周土体产生固结。故静压桩问题也是一个固结问题。在固结过程中土体骨架的压缩性应该是非线性的。

4.3.2 均质土场地上静压沉桩过程分析

1. 基本假定及条件

有限元分析中基本假定及条件有：①采用总应力法进行分析计算；②根据实际沉桩过程，为简化计算，以二维轴对称问题模拟；③钢筋混凝土桩或钢桩为线弹性体；④土体为均质连续的弹塑性体，采用 Mohr-Coulomb 模型；⑤桩土界面采用面–面摩擦接触单元，接触面的摩擦类型为库仑摩擦；⑥桩土一旦接触，法向就不再分离，切向可以滑动。

2. 计算简图

先将桩预置在某一初始位置，再利用位移边界条件使桩体向下贯入一定深度(9cm)。图 4-25 为各桩的初始位置示意图，并给出了各桩的贯入深度。计算中，桩直径取 400mm，桩长为 10m。土体水平表面，竖直计算区域为 2 倍桩长，即 20m，水平计算区域为 50m，土体上表面为自由边界，下表面竖向固定，左右侧面水平固

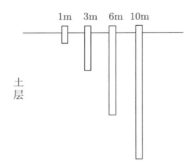

图 4-25 各桩的初始位置示意图

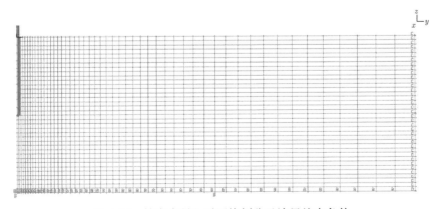

图 4-26 桩完全贯入时网格划分及边界约束条件

定。采用二维轴对称问题模拟,用位移贯入法模拟静压沉桩。图 4-26 给出了桩完全贯入时网格划分、变形及边界约束等情况。本计算设置了桩–土边界滑动接触面,接触面的滑动摩擦系数取值参考本书第 3.4 节试验结果。

3. 计算参数

选择某均质土场地作为试验场地,桩、土基本计算参数如表 4-16 所示。

表 4-16　桩、土基本计算参数

参数	黏性土	桩
重度 γ/(kN/m^3)	18	25
弹性模量/MPa	2	2000
泊松比	0.38	0.3
摩擦系数	0.34	
黏聚力 c/kPa	26	
摩擦角 φ/(°)	14.4	

4. 土体位移分析

图 4-27 为沉桩过程中地表处土体水平位移变化曲线。可以看出:①随着径向距离的增加,水平位移呈对数形式减小;②随着桩贯入深度的增加,水平位移会增大。图 4-28 为沉桩过程中土体深度 1m 处水平位移的变化曲线。可见,随着桩贯入深度的增加,水平位移继续增大,但水平位移变化量不大,分析认为桩贯入时,对上部土体影响较小。

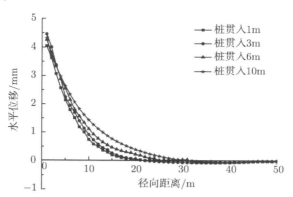

图 4-27　沉桩过程中 $z = 0$ 处土体水平位移

沉桩过程中土体深度 3m、6m 处水平位移的变化曲线如图 4-29、图 4-30 所示。可以看出,桩贯入较浅时,土体较深处水平位移变化较小,随着桩贯入深度的增加,水平位移逐渐增大,待桩贯入完成时达到最大,为 9.09mm。

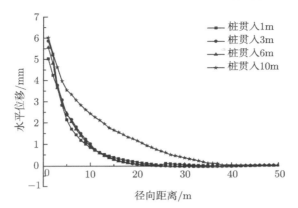

图 4-28 沉桩过程中 $z = 1\mathrm{m}$ 处土体水平位移

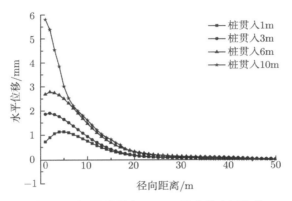

图 4-29 沉桩过程中 $z = 3\mathrm{m}$ 处土体水平位移

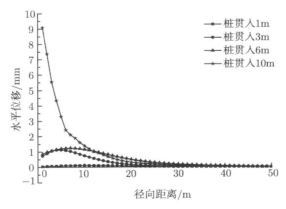

图 4-30 沉桩过程中 $z = 6\mathrm{m}$ 处土体水平位移

图 4-31 为沉桩过程中土体深度 10m 处水平位移的变化曲线。分析得出，当桩贯入到 3m 时，桩底部土体水平位移很小，最大值不到 1.0mm；而当贯入到 6m 时，水平位移变化量也不大，不到 1.5mm；贯入完成时底部土体水平位移显著增大，最大值达到 12.9mm，说明随着桩贯入深度的增加，对深部土体的影响明显。

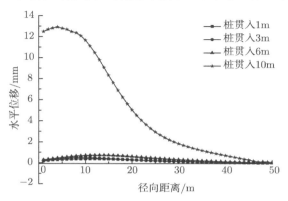

图 4-31　沉桩过程中 $z = 10$m 处土体水平位移

同时，根据有限元模拟结果，桩贯入过程中，水平位移最大值出现于桩端以下大约 2m($5d$) 处，桩贯入过程中挤土效应对土体水平位移的影响范围为桩端以下 $20d$(约 8m 处) 左右。

5. 土体应力分析

在静压沉桩过程中，水平挤压应力是产生挤土效应的主要原因，也是导致先沉桩偏位或倾斜、周围地下管线以及建筑物变形甚至破坏的主要原因。为此，这里主要分析沉桩过程中土体受到的水平挤压应力 (图 4-32)。

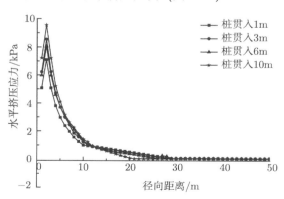

图 4-32　沉桩过程中 $z = 0$ 处土体水平挤压应力

图 4-32 为 $z = 0$ 处土体所受的水平挤压应力。可以看出：①随着桩的贯入，紧靠桩边处土体水平挤压应力增加较大，在距桩较近处约 2m 处应力值达到最大，达 9.55kPa，此后水平挤压应力沿径向距离呈对数衰减；②桩贯入深度越深，桩周地表处水平挤压应力值越大，且随径向距离的增加衰减现象也越明显。图 4-33 为 $z = 5d(2m)$ 处土体所受的水平挤压应力。桩在贯入过程中，水平应力均先逐渐增大，而后逐渐衰减。可见，对距离桩较近处土体应力影响较大，最大应力达 28kPa。当桩完全贯入时达到最大，为 31kPa，且随着径向距离的增加而减弱。

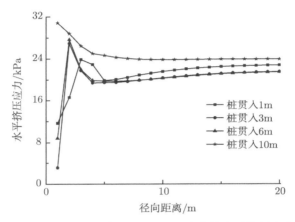

图 4-33 沉桩过程中 $z = 2m(5d)$ 处土体水平挤压应力

4.3.3 成层土与均质土场地上静压沉桩过程的比较分析

实际上，土体一般是分层的。静压沉桩时，桩在土体分层处，土体位移变化剧烈，静压桩易在此处开裂、弯折。为此，本书分析了成层土条件下静压沉桩的挤土效应，并与上述均质土条件下的计算结果作比较分析。其中，成层土的有关指标参数如表 4-17 所示。

表 4-17 分层土的计算参数

参数	黏性土①	砂土	黏性土②
厚度/m	6	4	>12
重度 $\gamma/(kN/m^3)$	18	20	18
弹性模量/MPa	2	20	4
泊松比	0.38	0.3	0.38
摩擦系数	0.34	0.7	0.34
黏聚力 c/kPa	26	0	28
摩擦角 φ/(°)	14.4	30	20

1. 土体位移对比

为便于比较分析，这里给出了成层土和均质土中桩完全贯入 ($z=10$m) 时土体位移的变化曲线。图 4-34~图 4-36 分别为地表处、土体深度 1m 和 3m 处土体水平位移的变化曲线。可看出，沉桩附近区域成层土体水平位移要稍大于均质土情况，总的来看，两者相差不大，且随着深度的增加，沉桩较远区域的土体位移变化不大，说明成层土对较浅土体位移的影响主要在沉桩附近区域。

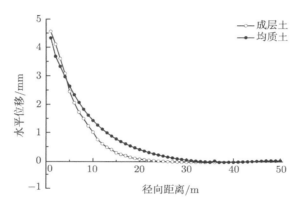

图 4-34 $z=0$ 处土体水平位移

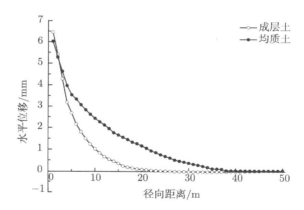

图 4-35 $z=1$m 处土体水平位移

图 4-37 为土层交界处 ($z=6$m) 水平位移的变化曲线。可以看出，成层土体水平位移要小于均质土的水平位移，距桩较近处两者相差较大，离桩越远两者水平位移急剧衰减，且大小非常接近，这可能是硬土层限制了土体的水平位移，导致位移变化较小。

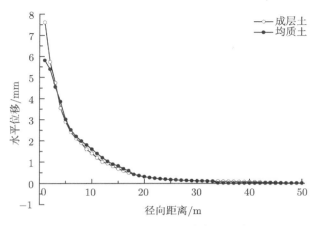

图 4-36 $z = 3$m 处土体水平位移

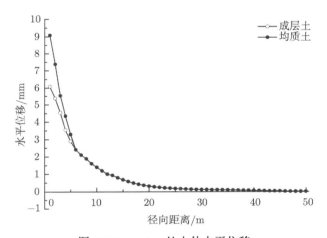

图 4-37 $z=6$m 处土体水平位移

图 4-38 为土层深度 10m(桩底) 的水平位移。可以看出，成层土体水平位移显著大于均质土情况，在沉桩较近区域，位移均较大，且随着径向距离的增加，其位移先略有增大然后呈对数形式衰减。这主要是因为桩全部贯入时深部土体被挤开，产生正位移，另外砂层与桩的摩阻力较大，随着桩完成贯入，硬土被桩向下拖带，即硬土被挤压进下层土中，致使成层土体水平位移显著增大。

2. 土体应力对比

对于距桩 $3d$ 处土体的水平挤压应力，成层土的水平挤压应力要大于均质土情况，挤压应力的最大值位于硬土层中上部 (约 $z=7$m 处)，两者相差可达到 51kPa。

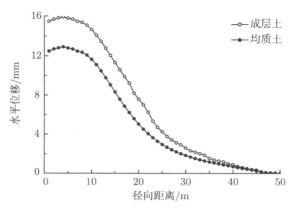

图 4-38　$z=10\mathrm{m}$ 处土体水平位移

4.3.4　静压桩施工过程分析

1. 计算模型及参数

某桩基工程采用静压法沉桩，根据勘察报告，场地土层参数如表 4-18 所示。桩径为 0.4m，桩长为 20m，采用线弹性材料模拟。根据工程实际及边界效应需要，取土层边界宽为 50 倍桩径，即 20m，深为 2 倍桩长，即 40m；建立模型时，因研究问题为轴对称平面应变问题，故选取一半为研究对象；模型中，土体顶面为自由面，两侧仅受水平约束，底面为固定面，同时受水平约束和竖向约束。据此，模型的网格划分及边界设置如图 4-39 所示。

表 4-18　场地土层参数

编号	土层名称	深度/m	重度/(kN/m³)	土粒比重	含水量/%	孔隙比	c/kPa	φ/(°)	压缩模量/MPa
1	粗砂	0~2	19.3	2.64	13.9	0.95	—	—	—
2	淤泥质土	2~12.5	16.5	2.68	51.2	1.40	26.2	7.2	3.3
3	中粗砂	12.5~15	19.8	2.65	18.7	0.82	—	—	—
4	粉质黏土	15~20	19.1	2.66	26.6	0.77	32.7	15.1	5.1
5	砂质黏土	20~25	18.4	2.68	26.8	0.79	27.5	27.4	4.4
6	全风化岩	25~40	21.0	—	—	—	25.8	28.5	16

2. 计算结果与分析

1) 水平位移分析

图 4-40 给出了沉桩过程中土体水平位移变化曲线。可以看出，桩在沉入过程中，挤土的影响范围不断增加，且略大于沉桩的贯入深度，沉桩结束时，挤土范围影响至桩底以下近 5m 位置处。沉桩初期，即桩身贯入深度较小时，上覆土层较薄，土体受挤压而产生的水平位移明显增大，最大位移基本出现在沉桩位置；沉桩中后

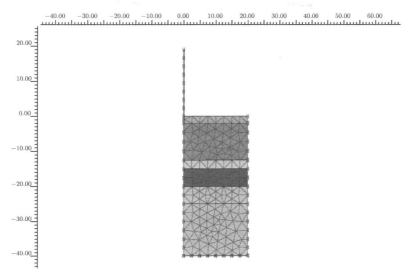

图 4-39 网格划分及边界设置

期,上覆土层较厚,土体受挤压而产生水平位移的难度增大,且最大位移不再出现在沉桩位置,而是位于沉桩位置以上一段距离,即土体最大水平位移有滞后现象。

就距桩距离而言,在沉桩过程中,随着距桩距离的增大,土体水平位移逐渐增大,其中,距桩 0.6m 和 1.5m 处的水平位移变化明显,距桩 6m 处的水平位移略有增大趋势,但不甚明显,距桩 15m 处的水平位移变化很小,甚至在沉桩后期,受边界效应和网格影响,地表处土体产生负位移,总之,该处可忽略不计沉桩挤土效应的影响。

2) 竖向位移分析

图 4-41 给出了沉桩过程中土体竖向位移变化曲线。可以看出,桩在沉入过程中,距桩距离较近时,如距桩 0.6m、1.5m,沉桩深度范围内土体发生下沉现象,这主要是由于该区域土体被下沉的桩拖拽导致产生负位移,特别是浅层土体被拖拽明显,负位移较大,且随着桩的贯入,桩周土体下沉深度滞后于桩的贯入深度。距桩距离较远时,沉桩初期,土体可能有拖拽导致下沉的现象,但随着桩的贯入,浅层土体不再出现被拖拽而下沉的现象,土体主要发生隆起变形,且距离越远,隆起变形越小。

从沉桩过程来看,沉桩初期,距桩较近区域土体发生下沉现象,即为负位移,且随着桩的不断贯入,浅层土体被拖拽产生的下沉位移及范围越来越大,距桩较远处土体则逐渐出现隆起变形,其中,下沉和隆起值与桩的贯入深度均呈正比关系,沉桩后期,下沉和隆起值均有所回落。

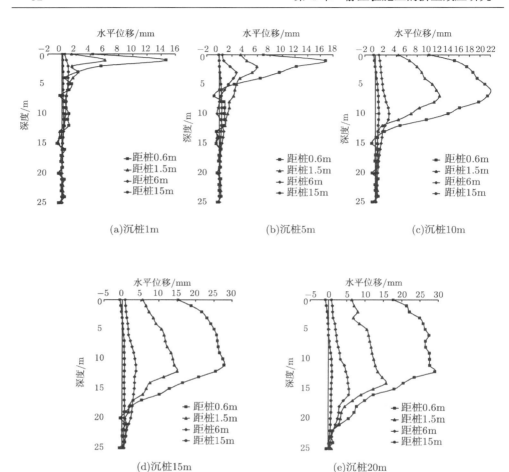

图 4-40　沉桩过程中土体水平位移变化曲线

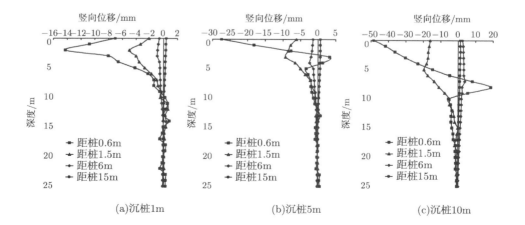

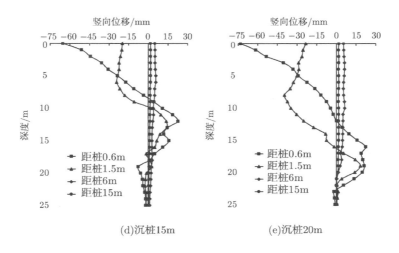

图 4-41　沉桩过程中土体竖向位移变化曲线

3) 最大位移分析

为便于比较分析，表 4-19 列出了沉桩过程中土体出现的最大位移的大小及位置，其中，竖向位移特指隆起变形，沉桩 1m 时土体最大竖向位移以负位移为主，这里不予考虑。可以看出，土体最大水平位移是逐渐增大的，但增大的趋势逐渐减慢，且出现最大值的位置浅于最大竖向位移的出现位置；土体最大竖向位移也基本逐渐增大，但是沉桩 15m 和沉桩 20m 时的最大竖向位移是一样大的，但是出现位置不同，说明随着桩的下沉，最大竖向位移出现位置也是不断下移的，在这过程中，受桩的挤土效应及拖拽影响，桩周竖向位移可能增大，也可能减小。

表 4-19　沉桩过程中土体最大位移的大小及位置

沉桩位置/m	最大水平位移		最大竖向位移	
	大小/mm	位置/m	大小/mm	位置/m
1	14.7	1	—	—
5	16.8	1	3.3	3
10	22.1	6	18.8	8
15	27.9	11	22.7	12
20	29.2	12	22.7	16

4) 淤泥质土层的影响分析

在土层分布中，淤泥质土分布在 2~12.5m 深度范围内，从沉桩过程中土体水平位移的变化曲线可以看出，该范围内的土体位移明显偏大，即变化曲线呈明显的凸形，这主要是由于淤泥质土体强度较低，沉桩挤压引起的水平位移较大，也更容易产生挤土效应；从竖向位移变化曲线看，无论是下沉还是隆起，极大值基本也发生在该区域土体。因此，在实际桩基工程中，出现淤泥质土等软土层时，需要密切关注该土层受沉桩的影响状况，做好变形监测工作，以免引起过大变形，从而对周围环境产生不利的影响，若存在地下管线等地下构筑物时，还要加强其变形监测工作。

4.3.5 静压桩施工过程对周围环境的影响分析

静压桩施工时，施工场地周围总是存在各种各样的建筑物或构筑物，如建筑基坑、地下管线等，然而，在目前研究中，无论是试验研究，还是数值模拟，一般均不考虑周围环境的存在，即如 4.3.4 节所分析的静压沉桩挤土过程分析，不考虑周围环境的影响，其实，这与实际情况一般是不符合的。基于此，本节考虑存在周围环境介质时，分析静压沉桩挤土对周围环境的影响，其中，所采用的土体参数、沉桩过程与 4.3.4 节完全相同，这里不再一一给出。

1. 静压沉桩挤土对周围地下管线的影响

1) 基本假定

地下管线材料按均质线弹性材料考虑，且不考虑管线接头的影响，管线等直径、等壁厚；管线与周围土体在变形前后及变形过程中两者紧密接触，管线与土体没有相对滑动或脱离。这种假定在实际工程中是可能存在的，即土体的刚度相对管线来说不是很小。然而，对于处在滑坡中的地下管线，由于土体位移较大，而地下管线的刚度相对于土体大得多，是可能产生土体与管线分离现象的。然而，在静压沉桩过程中，不允许也不会产生像滑坡中土体位移那样大的现象。故可以认为地下管线与土体是紧密接触的，不考虑土的分离现象。

2) 计算模型

在工程中，常用的地下管道有钢管、混凝土管、铸铁管和 PVC 管，其相关计算参数如表 4-20 所示。取管道外径为 0.8m，壁厚 0.1m，距沉桩区域 5.0m，埋深为 4.0m。图 4-42 为建立的有限元分析模型。

表 4-20 管线的计算参数

参数	钢管	铸铁管	混凝土管	PVC 管
弹性模量 E/MPa	205 000	90 000	25 000	2260
泊松比 μ	0.3	0.275	0.17	0.35

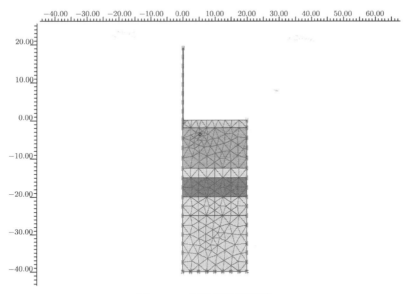

图 4-42 有限元计算模型

3) 计算结果与分析

图 4-43 给出了静压沉桩过程中地下管线的位移变化情况。可以看出，在沉桩过程中，地下管线的水平位移和竖向位移是逐渐增大的，在沉桩中前期，位移增加较快，沉桩后期，由于桩贯入深度较深，挤土对处于较浅部的管线而言影响偏小，因此，出现地下管线位移增加变缓的趋势。就大小而言，地下管线的竖向位移大于水平位移，说明竖向覆土应力的影响小于侧向挤土应力，即对本工程实例，静压沉桩的挤土效应对周围地下管线的影响是比较大的。

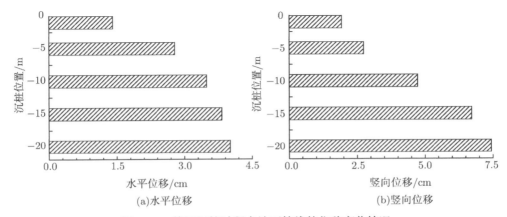

(a)水平位移   (b)竖向位移

图 4-43 静压沉桩过程中地下管线的位移变化情况

2. 静压沉桩挤土对周围基坑的影响

1) 基本假定

这里的基本假定主要有：将现场实际情况简化为二维平面模型，平面应变假定；基坑支护结构属临时性工程，工期较短，且土体在自重状态下已基本完成固结，故按固结不排水条件分析，不考虑地下水的影响；土体与水泥土桩之间设置接触面；不考虑开挖以前打桩 (挖孔) 引起的土体原位应力和性状的变化；土体和水泥土采用莫尔–库仑模型。

2) 计算模型

计算模型中，基坑距离沉桩位置 5m，基坑嵌固深度 $h_d=10$m，开挖深度 $h=5$m，开挖宽度 $B=5$m。基坑采用水泥土搅拌桩支护形式，桩径为 0.4m，且为悬臂式支护结构，其模型参数为弹性模量 $E=30$MPa，泊松比 $\mu=0.3$，重度 $\gamma=20$kN/m^3，$\varphi=0°$。由于采用二维计算，故将水泥土搅拌桩按照等刚度原理折算成地下连续墙，据此，采用位移贯入法，分析静压沉桩过程中基坑的水平位移和坑底隆起变形的变化情况。图 4-44 给出了有限元计算模型。

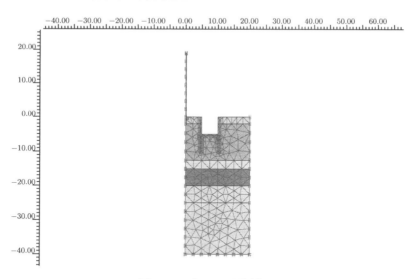

图 4-44   有限元计算模型

3) 计算结果与分析

图 4-45 给出了静压沉桩过程中基坑水平位移的变化情况。从图中可以看出，随着静压桩的不断沉入，基坑水平位移逐渐增大，其中，开挖面以上的水平位移较大，变化亦较为明显，搅拌桩桩底受嵌固深度的影响，水平位移较小。作为悬臂式支护结构，静压沉桩时，基坑顶部的水平位移最大，向下至坑底部位逐渐减小，至

桩底位置时水平位移最小。就沉桩过程而言，沉桩深度未超过基坑嵌固深度时，基坑水平位移变化较大，随着桩的下沉，其沉桩深度超过基坑嵌固深度后，沉桩对基坑水平位移的变化幅度减小，但仍呈现增大的趋势。

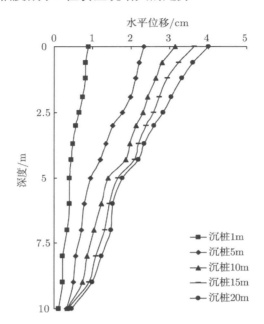

图 4-45　静压沉桩过程中基坑水平位移的变化情况

图 4-46 给出了静压沉桩过程中坑底隆起变形的变化情况，这里仅以坑底中央部位的隆起变形为代表。从图中可以看出，随着静压桩的不断沉入，坑底隆起变形不断增大，其中，沉桩初期，由于挤土体积很小，坑底隆起变形亦很小；沉桩中期，随着挤土体积的增大，坑底隆起变形不断增加；沉桩中后期，即沉桩深度超过基坑嵌固深度后，坑底隆起变形增加较快，直至沉桩结束，究其原因，基坑位于淤泥质土中，一旦沉桩深度超过基坑嵌固深度，淤泥质土中挤土效应尤为明显，导致坑底隆起变形亦增加较快。因此，对位于类似淤泥质土的软土中的基坑工程，更易受周围桩基施工的影响，需加以注意，密切做好基坑监测工作。

3. 静压沉桩挤土对周围道路的影响

1) 计算模型

计算模型中，道路的杨氏模量由混凝土与路基土折合后得到，均采用弹性模型，路面板取折合厚度 1.2m，其中，地面以上为 0.2m，宽度为 8.0m。据此，建立的有限元计算模型如图 4-47 所示。

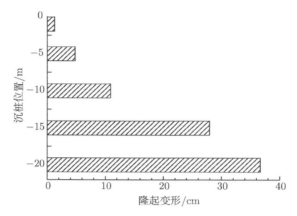

图 4-46 静压沉桩过程中坑底隆起变形的变化情况

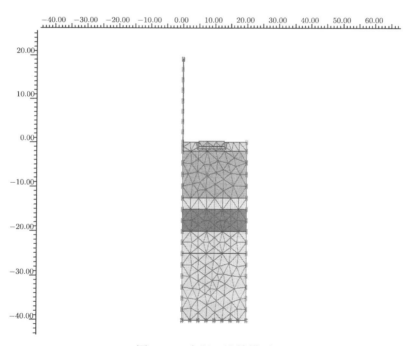

图 4-47 有限元计算模型

2) 计算结果与分析

图 4-48 给出了静压沉桩过程中临桩一侧道路变形的变化情况。可以看出，在沉桩过程中，道路的水平位移和竖向位移也是呈现逐渐增大的趋势，在沉桩中前期，位移增加较快，沉桩后期，由于桩贯入深度较深，挤土对地表道路的影响偏小，

因此,出现道路位移增加变缓的趋势。就大小而言,道路的竖向位移大于水平位移,这是因为道路只受侧向挤土应力的影响,竖向不受约束,故出现道路竖向位移比水平位移大得多的现象。

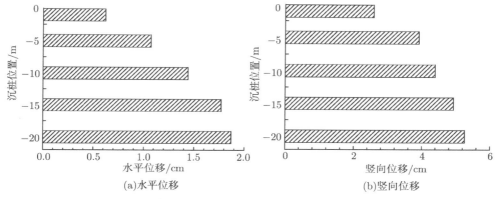

(a)水平位移   (b)竖向位移

图 4-48   静压沉桩过程中临桩一侧道路变形的变化情况

4.4   本 章 小 结

本章首先采用模型试验方法,依次研究了静压单桩、排桩和群桩挤土效应发生后土体位移和孔隙水压力的变化规律,得到的结论主要有以下几点:

(1) 对于单桩,地表处土体的水平位移和隆起变形随着径向距离的增大而呈对数衰减。由于上覆土压力的不同,挤土效应发生时 100cm 深度处最大孔压是 50cm 深度处最大孔压的 3～4 倍。同时,由于挤土量的增加,各处的水平位移、隆起变形以及孔隙水压力都是不断增加的。

(2) 对于排桩,由于土体的遮拦效应,沉桩过程中,桩间土体的水平位移先增大后减小,隆起量有所增加,桩外侧土体的水平位移和隆起变形则是不断增加的。沉桩结束后,最大水平位移出现在第三根桩的外侧,最大隆起变形则出现在第三根桩的内侧。100cm 深度处最大孔压是 50cm 深度处最大孔压的 2 倍左右,比沉入单桩时小。沉桩过程中,孔隙水压力是不断增加的,其中,桩间孔隙水压力的增加趋势受土体遮拦效应而变缓。

(3) 对于群桩,随着桩的依次沉入,群桩内部地表土体水平位移由原点正向增加到峰值后反向回落,群桩外部地表土体水平位移不断增加,但随径向距离增加,其水平位移是减小的。由于土体遮拦效应,地表隆起最大值出现在第二至第五根桩之间,且大于群桩外部土体最大隆起变形。同样,由于群桩效应的影响,100cm 深度处孔压稍大于 50cm 深度处的孔压,但孔隙水压力总体上仍呈现不断增大的趋势。

(4) 就影响范围而言，由单桩到排桩，沉桩挤土效应的影响范围明显增加，而由排桩到群桩，其影响范围只是稍有增加，且挤土效应对地表位移的影响范围可能大于对孔隙水压力的影响范围，这在实际工程中要引起必要的重视。

其次，基于小孔扩张理论，分析了沉桩挤土效应的基本特性，并采用工程估算公式，通过叠加方法将单桩挤土效应引起的土体水平位移和隆起位移计算公式扩展到群桩挤土效应引起的土体水平位移和隆起位移计算公式，结合工程实例，将现场测试结果与工程估算计算结果进行了比较分析。结果表明，工程估算公式具有一定的工程应用价值。

最后，采用数值模拟的方法，建立了静压桩施工模型，开展了均质土和成层土场地上静压沉桩引起的挤土效应分析，并进行了比较分析，得到的结论如下所述。

对于均质土情况，沉桩过程中，随着径向距离的增加，土体水平位移呈对数衰减；随着桩的每次贯入，水平位移均先增大到一定值后又随着深度的增加而逐渐减小；桩全部贯入时桩底土体水平位移显著增大。对于土体受到水平挤压应力，距桩较近处 (约 $5d$ 处) 土体水平挤压应力最大，此后水平挤压应力沿径向距离呈对数衰减；桩贯入深度越深，桩周地表处水平挤压应力值越大，且随径向距离的增加衰减也越快；桩在贯入过程中，水平应力在桩附近区域较大，待桩完全贯入时，其水平挤压应力随着径向距离的增加呈现减小的趋势。

对于成层土情况，当深度较大时，软硬土层交界处土体水平位移变化剧烈，明显大于均质土情况时产生的水平位移。由于硬土层的存在，土体水平位移受到约束，其上部土体水平影响范围有所减小，下部土体水平影响范围有适当增加。同时，成层土的水平挤压应力要远大于均质土情况，挤压应力的最大值位于硬土层中上部，即群桩施工时，应力累加，土层交界处易造成桩体弯折、断桩、灌注桩混凝土离析等质量问题。

同时，采用 PLAXIS 有限元软件分析了静压沉桩挤土过程中桩周土体的水平位移和竖向位移，特别分析了淤泥质土层的影响，进而分析了静压沉桩过程对周围工程环境 (地下管线、建筑基坑、市政道路等) 的影响。结果表明，沉桩过程中，挤土的影响范围不断增加，且挤土范围影响至桩底以下某一深度。沉桩初期，土体水平位移明显增大，同时，距桩较近区域土体发生下沉现象，较远处土体则出现隆起变形，沉桩中后期，土体最大水平位移滞后于沉桩位置。土体水平位移、竖向位移基本随距桩距离增加而变小，其中，距桩较近时，桩周土体被桩拖拽产生负位移，同时，淤泥质土的存在使得挤土尤为明显。

就对周围工程环境的影响而言，有限元计算结果表明，当距离沉桩区域较近时，静压桩施工引起挤土效应必然会影响周围地下管线、基坑、道路，甚至会导致地下管线爆裂、基坑变形过大、道路地表开裂等，此时需密切做好施工监测工作。

第5章　静压桩施工挤土效应对周围环境影响的试验研究

5.1　试　验　目　的

　　静压桩施工时极易产生挤土效应，周围环境往往也是比较复杂的，如周围存在地下管线、建 (构) 筑物、市政道路，这就涉及挤土效应与周围环境相互作用的问题。然而，由于挤土效应问题的复杂性，研究挤土效应时，往往忽略了周围环境的存在。同时，由于挤土效应引起的工程问题或工程事故，绝大部分是由群桩引起的，其危害性更大。为此，本章采用模型试验，分别以地下管线、建筑基坑、市政道路为周围介质环境，研究静压群桩施工引起的挤土效应对周围环境的影响 [74−77]。

5.2　静压桩施工对周围地下管线的影响

5.2.1　试验方案设计

　　试验采用 PVC 管模拟地下管线，为实现管线在竖直向、水平向和轴向三方向运动，并消除端部效应的影响，取管线长为 1000mm，并在模型槽的相应位置预留"L"形滑槽，如图 5-1 所示。试验前，将管线两端部封闭，以防止土试样进入管线影响试验，采用挖沟回填的方式铺设管线。

图 5-1　预留 "L" 形滑槽

　　试验主要量测静压桩施工挤土效应发生后地下管线的应变。一般情况下，静压沉桩过程中发生挤土效应时，管身中间部位的应变最大，为此，根据管线运动方向，在管线中间截面对称布置两个应变片，以保证数据的有效采集，并将应变片连

接到应变仪 (图 5-2) 上，通过应变仪读取管线的应变，图 5-3 给出了管线从应变片粘贴到铺设的全过程。

图 5-2　应变仪

(a)应变片的粘贴　　　　(b)涂硅胶　　　　(c)裹好纱布　　　　(d)铺设管线

图 5-3　试验前管线模型的准备过程

试验采用三种管线直径 D，分别为 16mm、25mm、32mm，三种管线埋深 H，分别为 20cm、40cm、60cm，四种沉桩区域 (简称桩区) 与管线距离 L，分别为 16cm、32cm、48cm、64cm，共计进行 36 组试验，测定不同工况下地下管线的应变。具体试验方案见图 5-4。

试验所用模型箱、土体的基本特性和模型桩的制作及沉桩方式均与 4.1 节相同，这里不再一一阐述。

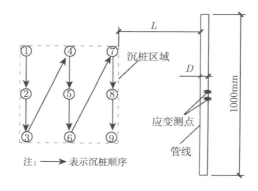

(a)平面图

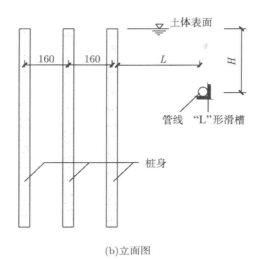

(b)立面图

图 5-4   试验方案布置图 (单位: mm)

5.2.2   试验结果分析

随着 3×3 群桩的依次沉入，静压沉桩挤土效应引起的地下管线应变变化规律基本相似，即管线的应变基本呈现逐渐增大的趋势，但在管线直径不同、埋深不同、桩区与管线距离不同时，管线表现出不同的应变变化性状，这里，给出了静压沉桩过程中地下管线中间部位的应变变化曲线，如图 5-5～ 图 5-8 所示。

距桩区距离为 16cm 时，在静压沉桩过程中，管线应变有软化现象，且管径较小时出现较早，这可能是由于距离很近时，静压沉桩引起的侧向挤压力较大，管线受到的弯曲应力也较大，管线受压一侧的土体进入塑性状态而破坏，使得管线应变有软化的现象，随着桩的继续沉入，土体被挤密，强度提高，管线应变继续增加。这对静压桩施工具有重要的工程指导作用，若静压沉桩区域距管线很近时，在静压沉桩过程中要加强管线的全过程监测，以防片面采用管线应变软化时的变形来指导静压桩施工，引起管线的断裂或爆裂。

距离增大后，由于静压桩挤土效应逐渐减弱，管线受到的侧向挤压应力减弱较快，管线周边土体具备抵抗管线弯曲应力的强度，应变软化现象不再出现，基本呈现增大趋势。距桩区距离为 32cm 时，随着桩的沉入，管线应变呈 "凹" 曲线变化而不断增加，且随着桩数的增加，应变呈现持续增加的趋势，而距桩区距离为 48cm 时，管线应变有逐渐向 "凸" 曲线过渡的趋势，管线应变逐渐趋向于定值，这可能是由于在距离 32cm 和 48cm 之间存在一个临界距离，受静压桩挤土效应程度的影响，在低于临界距离时，管线应变曲线为 "凹" 曲线，在超过临界距离后，管线应变曲线逐渐向 "凸" 曲线过渡，在距离达到 64cm 时，"凸" 曲线线形非常明显。

　　由此可见，在桩区与管线距离不同时，管线应变呈现不同的变化规律，有必要在静压沉桩过程中加强地下管线的全过程监测，做好地下管线变形的预测工作，以指导预制桩的设计与施工，这是非常重要的。

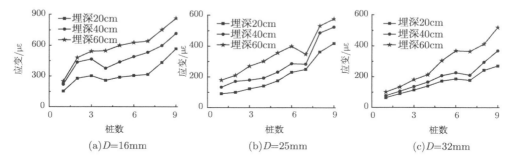

图 5-5　静压沉桩过程中地下管线的应变变化曲线 (桩区与管线距离 $L=16$cm)

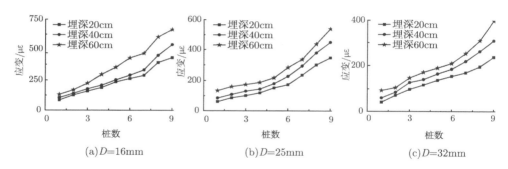

图 5-6　静压沉桩过程中地下管线的应变变化曲线 (桩区与管线距离 $L=32$cm)

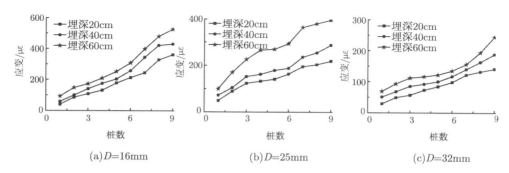

图 5-7　静压沉桩过程中地下管线的应变变化曲线 (桩区与管线距离 $L=48$cm)

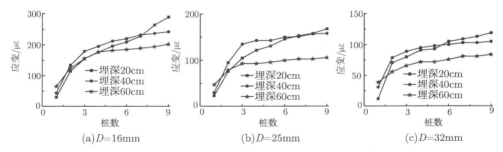

(a)D=16mm　　　(b)D=25mm　　　(c)D=32mm

图 5-8　静压沉桩过程中地下管线的应变变化曲线 (桩区与管线距离 L=64cm)

5.2.3　影响因素分析

试验结果表明，静压桩施工挤土效应发生后，当改变管径、埋深或桩区与管线距离时，管线应变均发生不同程度的变化。因此，有必要研究管径、埋深、桩区与管线距离对管线应变的影响规律，为地下管线附近场地桩基工程施工提供必要的技术支持。

1) 管线直径的影响

图 5-9 给出了管线埋深不同时管线最大应变随管径变化的关系曲线。可以看出，受静压沉桩挤土效应的影响，随着管径的增加，受土体挤压后的管线的应变逐渐减小，这是由于管径越大，管线的抗弯刚度越大，抵抗变形的能力越强，则管线受到的应变越小，但土体的变形协调能力相对越弱。因此，在其他条件允许的情况下，应选用管径较小的管线，从而与土体协调变形。

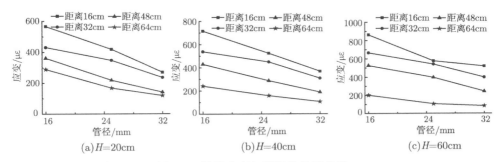

(a)H=20cm　　　(b)H=40cm　　　(c)H=60cm

图 5-9　管线应变与管径的关系曲线

2) 管线埋深的影响

图 5-10 给出了管线直径不同时管线最大应变随埋深变化的关系曲线。一般情况下，距离相同时，埋深增加，管线应变增加，这是因为静压桩挤土效应发生时，埋深较深，管线上覆土压力较大，管线围压也较大，土体以侧向挤压为主，而埋深较浅时，上覆土压力和围压都较小，土体隆起变形较明显，侧向变形相对较小。同

时，由于桩长为 1m，桩在穿过管线最大埋深 60cm 后，继续沉桩对下部管线仍有较大影响，而对上部管线的影响则很小。但是，桩区与管线距离为 64cm 时，随着埋深增加，管线应变有减小趋势，这可能是由于距离较远时，管线受到的侧向挤压力明显减弱，而管线上覆土压力和围压都是约束管线变形的因素，管线埋深较浅时上覆土压力和围压较小，埋深较深时上覆土压力和围压较大，与相应深度处管线上覆土压力和围压相比，埋深较浅的管线受到的侧向挤压力相对较大，埋深较深的管线受到的侧向挤压力相对较小。这对桩基施工具有重要的指导意义，若桩基施工距地下管线较远时，从发生管线破坏的可能性角度来说，埋深较浅管线侧向挤压力较大，可能先于较深管线破坏，这就需要加强对埋深较浅管线的监测工作，埋深较深管线则可能是相对安全的。

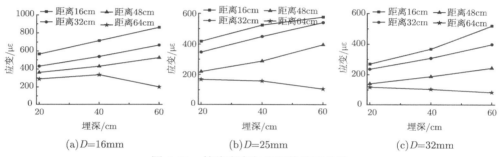

(a) $D=16$mm　　　　(b) $D=25$mm　　　　(c) $D=32$mm

图 5-10　管线应变与埋深的关系曲线

3) 桩区-管线距离的影响

图 5-11 给出了管线埋深不同时管线最大应变随桩区-管线距离变化的关系曲线。地下管线距离桩区越近，静压桩挤土效应引起的对管线的侧向挤压力越大，其应变也越大。距离增加后，管线受到的侧向挤压力明显减弱，管线应变也有明显的减小趋势。这就要求桩基施工距地下管线较近时，需要做好地下管线的监测工作，密切关注地下管线的受力和变形。

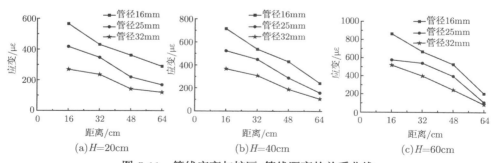

(a) $H=20$cm　　　　(b) $H=40$cm　　　　(c) $H=60$cm

图 5-11　管线应变与桩区-管线距离的关系曲线

5.3 静压桩施工对周围基坑的影响

5.3.1 试验方案设计

在模拟基坑围护结构地下连续墙时，作为抗弯构件，要保证模型与原型的应力水平一致，应使两者的抗弯刚度相等。根据抗弯刚度相似原则，用铝板模拟地下连续墙，确定铝板厚度 2mm，如图 5-12(a) 所示。为便于比较分析，取基坑模型的开挖深度 h 为 60cm，嵌固深度 h_d 为 30cm。基坑围护结构采用悬臂式支护方式和分层开挖施工方式，开挖后的基坑模型如图 5-12(b) 所示。

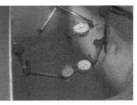

(a)铝板制作的基坑模型　　　(b)开挖后的基坑模型　　　(c)百分表安装后的基坑模型

图 5-12　基坑模型

试验过程中，主要量测基坑的水平位移、坑底隆起变形以及基坑主动区土压力。其中基坑水平位移和坑底隆起变形通过百分表量测得到，如图 5-12(c) 所示。土压力采用 JD-250 型微型应变式土压力盒测定，该土压力盒由金坛市国信土木工程仪器厂生产，如图 5-13 所示，其数据由应变仪采集。土压力盒埋置在紧邻基坑外侧的土体中，用于测定试验过程中土压力的变化情况，沿深度方向布置了 2 只土压力盒，分别位于坑底上下各 15cm 处。具体布置如图 5-14 所示。

(a)微型土压力盒　　　　(b)埋设后的土压力盒　　　　(c)应变仪

图 5-13　土压力测试图

试验采用基坑不同平面尺寸，其边长 b 分别为 60cm、40cm、20cm，距桩区不同距离 L，分别为 16cm、32cm、48cm，共计进行 9 组试验，测定不同工况下基坑的水平位移、坑底隆起变形和土压力变化情况。其中，基坑平面尺寸为 20cm 时，由于基坑内部空间较小，仅量测了基坑顶部的水平位移。

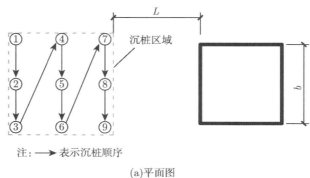

注：——➤ 表示沉桩顺序

(a)平面图

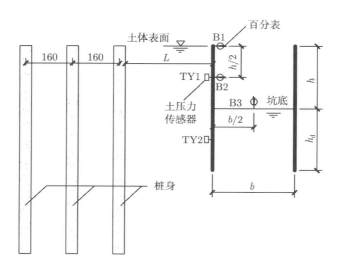

(b)立面图

图 5-14　试验方案布置图 (单位：mm)

5.3.2　试验结果及分析

1) 基坑水平位移

图 5-15 给出了沉桩过程中基坑水平位移的变化曲线。可以看出，随着桩的沉入，桩对周围土体的侧向挤压力增大，B1、B2 处的水平位移呈现逐渐增大的趋势。同时，B1 处的水平位移比 B2 处的水平位移略大，这是因为作为悬臂式支护结构，静压沉桩挤土效应发生时，基坑顶部的水平位移最大，向下至坑底部位逐渐减小。基坑平面尺寸越大，基坑模型抵抗变形能力越小，其整体稳定性越低，由挤土效应引起的基坑水平位移越大；基坑与桩区的距离越小，侧向挤压力越大，基坑受挤土效应的影响越大，基坑的水平位移也越大。

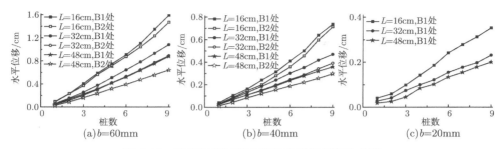

图 5-15 静压沉桩过程中基坑水平位移变化曲线

2) 坑底隆起变形

随着桩的沉入,静压桩挤土效应愈加明显,就会使围护结构外侧土体向基坑内移动,使基坑坑底产生向上的隆起变形。图 5-16 给出了沉桩过程中坑底隆起变形的变化曲线。基坑距桩区距离越小,挤土效应越明显,坑底隆起变形越大。基坑平面尺寸由 40cm 变为 60cm 时,其实质是基坑开挖量增加,基坑抗隆起变形的能力降低,挤土效应发生时导致坑底隆起变形增大。

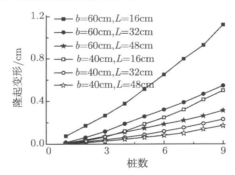

图 5-16 静压沉桩过程中坑底隆起变形变化曲线

3) 土压力变化

图 5-17 给出了静压沉桩过程中基坑模型主动区土压力的变化曲线。可以看出,土压力的变化受挤土效应影响较显著,且 TY1 处土压力明显小于 TY2 处土压力,这是因为 TY1 处位于基坑开挖面以内,沉桩挤土效应发生后,在开挖深度范围内基坑向外侧偏移较多,则受到的土压力较小;对于 TY2 处土压力而言,在嵌固深度范围内基坑偏移较小,受到的土压力较大。就距桩区距离影响而言,距离越远,沉桩挤土效应越不明显,基坑侧壁受到的土压力也越小。基坑平面尺寸增加后,基坑模型抵抗变形能力降低,产生的变形增大,则受到的土压力变小。这就要求在既有基坑工程场地附近进行桩基施工时,需要做好桩基施工和基坑的监测工作,密切关注基坑的变形和受力,特别是对近距离、较小平面尺寸的基坑工程。

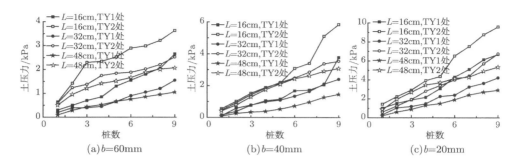

(a)b=60mm　　　　　　(b)b=40mm　　　　　　(c)b=20mm

图 5-17　静压沉桩过程中基坑主动区土压力变化曲线

　　试验中考虑的土压力变化的影响因素很少，仅分析了静压沉桩挤土效应的影响。在实际基坑工程中，影响土压力变化的因素很多，如土层的不均匀性、流变性、支护结构特性、开挖暴露时间、开挖次序、挖方大小等。静压桩施工过程中，基坑模型产生水平位移，还会引起土压力的重新分布，但由于挤土效应的存在，土压力持续增大的趋势不变。

5.4　道路约束下静压桩挤土效应分析

5.4.1　试验方案设计

　　静压沉桩区域附近存在道路时，相当于道路对周围土体有一约束作用。试验道路模型采用经过室内正常养护的预制水泥板，试验前，将其置于土体内部一定深度，并确保试验过程中道路模型不发生任何位移。取道路模型长为 100cm，厚度为 12cm，宽度 B 分别为 40cm 和 20cm，如图 5-18 所示。

图 5-18　道路模型（B=40cm、20cm）

　　试验主要量测静压桩施工过程中道路模型两侧的土体表面水平位移和隆起变形。图 5-19 给出了 $L=32\text{cm}$ 时变形观测点的布置情况，其中，水平位移采用两台高精度全站仪量测，在拟定观测点处设一泡沫块，并插入大头针，观测时以大头针头部的移动为准。土体隆起变形采用百分表读数，同样在观测点处布置一个硬木片，并使百分表与之充分接触，观测时百分表读数即为土体隆起变形量。静压沉桩前变形观测点布置图如图 5-20 所示。

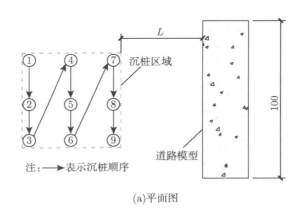

(a)平面图

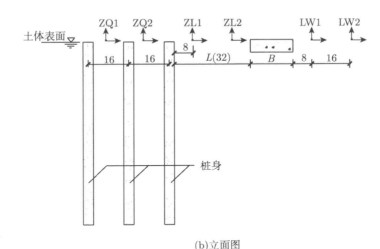

(b)立面图

图 5-19　试验方案布置图 (单位：cm)

　　试验分三批完成，具体工况设计如表 5-1 所示，其中，表 5-1 仅给出了桩区与道路之间区域位移观测点布置情况，不同工况下道路另一侧位移观测点距道路距离分别为 8cm、24cm。以期研究道路约束下沉桩过程中挤土效应对周围地表水平位移和隆起变形的影响规律。

(a) $L=16\text{cm}$　　　　　　　(b) $L=32\text{cm}$　　　　　　　(c) $L=48\text{cm}$

图 5-20　静压沉桩前变形观测点布置图

表 5-1　试验工况设计

道路宽度 B/cm	桩区与道路距离 L/cm	位移观测点距桩区距离/cm	备注
0(无道路)	—	8、24、40	
20	16	8	桩区内②~⑤桩之间的观测点记为 ZQ1 点
	32	8、24	桩区内⑤~⑧桩之间的观测点记为 ZQ2 点 距桩区 8cm 的观测点记为 ZL1 点 距桩区 24cm 的观测点记为 ZL2 点
	48	8、24、40	距桩区 40cm 的观测点记为 ZL3 点
40	16	8	距道路外侧 8cm 的观测点记为 LW1 点
	32	8、24	距道路外侧 24cm 的观测点记为 LW1 点
	48	8、24、40	

5.4.2　试验过程分析

图 5-21、图 5-22 给出了静压沉桩过程中地表水平位移的变化曲线。可以看出，在桩区内，②~⑤桩之间 ZQ1 点和⑤~⑧桩之间 ZQ2 点土体的水平位移均呈现先增大后减小的趋势，其中，ZQ1 点水平位移的最大值出现在沉入第三根桩后，ZQ2 点水平位移的最大值出现在沉入第六根桩后，且 ZQ2 点水平位移的最大值大于 ZQ1 点水平位移的最大值。静压沉桩结束后，除 $B=40\text{cm}$，$L=32\text{cm}$ 外，ZQ1 点的水平位移为负值，即 ZQ1 点水平位移方向与沉桩方向相反。在桩区与道路之间，随着桩的沉入，土体的水平位移逐渐增大，同时，受道路宽度、桩区与道路之间距离等因素的影响，其水平位移大小不一。在道路外侧，由于道路约束的存在，虽然土体水平位移逐渐增大，但其大小明显减小。

图 5-23、图 5-24 给出了静压沉桩过程中地表隆起变形的变化曲线。总的来说，随着桩的沉入，挤土效应愈加明显，各点的隆起变形逐渐增大。就大小而言，桩区内土体隆起变形最大，道路外侧土体隆起变形较小，桩区与道路之间土体隆起变形居中。桩区内，在沉入第七或第八根桩之前，ZQ1 点的隆起变形大于 ZQ2 点隆起变形，之后，ZQ2 点隆起变形超过 ZQ1 点隆起变形；由于道路约束的存在，桩区

与道路之间土体隆起变形明显大于道路外侧土体隆起变形，但均小于桩区内土体隆起变形。

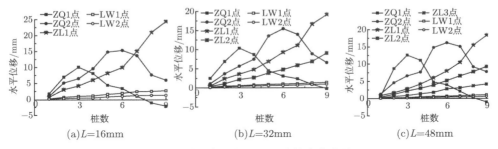

(a)$L=16$mm　　　　　　　(b)$L=32$mm　　　　　　　(c)$L=48$mm

图 5-21　静压沉桩过程中地表水平位移的变化曲线（$B=20$cm）

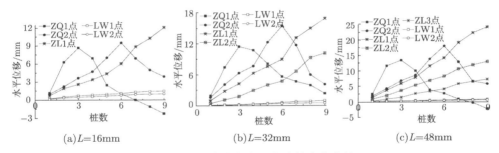

(a)$L=16$mm　　　　　　　(b)$L=32$mm　　　　　　　(c)$L=48$mm

图 5-22　静压沉桩过程中地表水平位移的变化曲线（$B=40$cm）

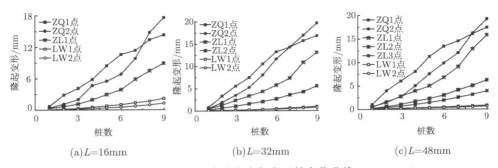

(a)$L=16$mm　　　　　　　(b)$L=32$mm　　　　　　　(c)$L=48$mm

图 5-23　静压沉桩过程中地表隆起变形的变化曲线（$B=20$cm）

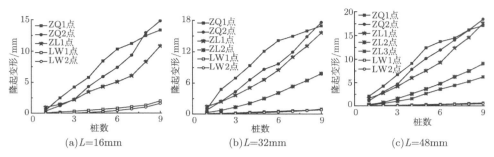

(a)L=16mm　　　　　　(b)L=32mm　　　　　　(c)L=48mm

图 5-24　静压沉桩过程中地表隆起变形的变化曲线 (B=40cm)

5.4.3　桩区–道路之间的位移分析

1) 距桩区 8cm 处的位移分析

试验首先分析了距桩区 8cm 处的水平位移和隆起变形，并与无道路约束作比较，如图 5-25、图 5-26 所示。由图分析可知，由于道路本身不发生水平位移，静压桩挤土效应发生后，与无道路约束相比较，道路的存在极大地改变了地表水平位移和隆起变形的变化性状。

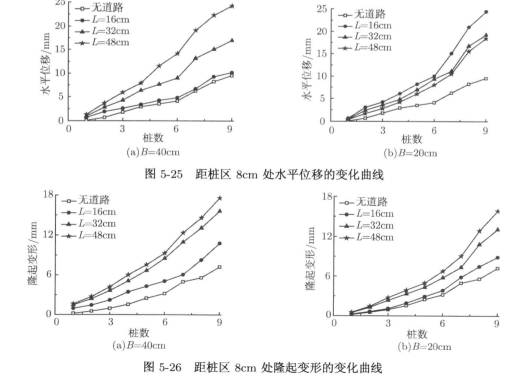

(a)B=40cm　　　　　　　　　　(b)B=20cm

图 5-25　距桩区 8cm 处水平位移的变化曲线

(a)B=40cm　　　　　　　　　　(b)B=20cm

图 5-26　距桩区 8cm 处隆起变形的变化曲线

道路模型宽度为 40cm 时，桩区与道路距离越小，其水平位移和隆起变形越小；而当道路模型宽度为 20cm 时，随着桩区与道路距离的增加，水平位移逐渐减小，隆起变形逐渐增大。说明道路宽度不同时，地表土体水平位移和隆起变形呈现不同的变化规律，这就要求在实际工程中，有必要加强紧邻道路情况下沉桩周边区域的变形监测。

2) 距道路 8cm 处的位移分析

静压沉桩过程中，距道路较近处土体的位移直接反映沉桩对道路的影响程度，为此，试验分析了距道路 8cm 处地表土体的水平位移和隆起变形的变化情况，如图 5-27、图 5-28 所示。可以看出，由于道路的约束，沉桩挤土效应发生后，土体受到挤压，桩区与道路之间距离越近，其土体受到的侧向挤压力越大，其隆起变形和水平位移越大，其中，水平位移越大，说明道路对土体的约束能力弱于沉桩对土体侧向挤压能力。

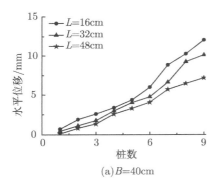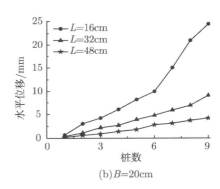

(a)$B=40$cm (b)$B=20$cm

图 5-27 距道路 8cm 处水平位移的变化曲线

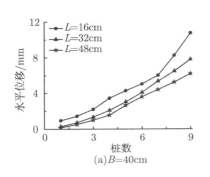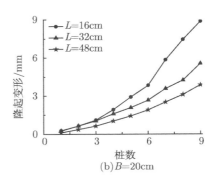

(a)$B=40$cm (b)$B=20$cm

图 5-28 距道路 8cm 处隆起变形的变化曲线

5.4.4 道路两侧的最大位移分析

以道路模型为纵轴，道路两侧地表的最大水平位移和隆起变形如图 5-29、图 5-30 所示。在道路模型左侧，即桩区与道路之间区域，距离道路越近，无论是最大水平位移还是隆起变形均呈现不断减小的趋势，桩区与道路之间的距离由小变大，约束区内的水平位移曲线斜率由大变小，而隆起变形曲线斜率变化不甚明显。在道路模型右侧，最大水平位移和隆起变形变化不大，但由于道路约束的影响，与道路左侧区域相比，最大水平位移和隆起变形明显减小。同时，随着桩区与道路之间距离的减小，道路约束能力增强，道路两侧的水平位移和隆起变形差值不断变大，道路较宽 (B=40cm) 时，水平位移的差值最为明显。

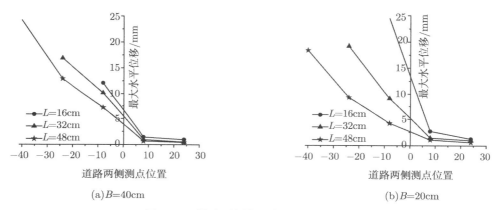

图 5-29   道路两侧的最大水平位移曲线

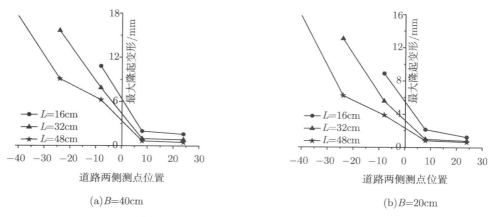

图 5-30   道路两侧的最大隆起变形曲线

由此可见，在实际工程中，随着沉桩施工的不断进行，道路两侧的位移差值将不断变大，这就要求加强道路两侧的变形监测，特别是沉桩区域与道路之间，防止对道路两侧的市政设施 (如地下管线) 造成破坏。

5.4.5 道路宽度的影响分析

为分析不同道路宽度 (约束能力) 对静压桩挤土效应的影响，比较分析了道路模型宽度为 20cm 和 40cm 时桩区与道路之间土体的水平位移和隆起变形，如图 5-31～ 图 5-33 所示。结果发现，地表水平位移和隆起变形的变化规律基本一致，但是不同道路宽度对地表土体变形有一定的影响。总的来说，道路模型宽度由 20cm 增加到 40cm，其约束能力增强，水平位移绝大部分呈现明显减小的趋势，而隆起变形则有所增大，其增大幅度小于水平位移减小的幅度，说明道路宽度更多地约束了水平位移的发展。

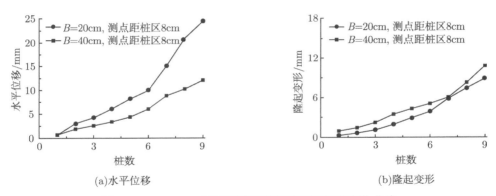

图 5-31 $L=16$cm 时不同道路宽度情况下位移变化曲线

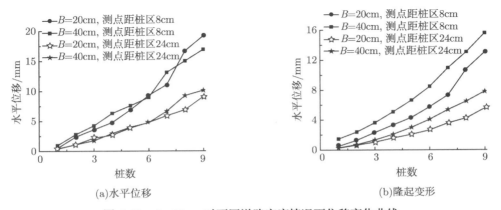

图 5-32 $L=32$cm 时不同道路宽度情况下位移变化曲线

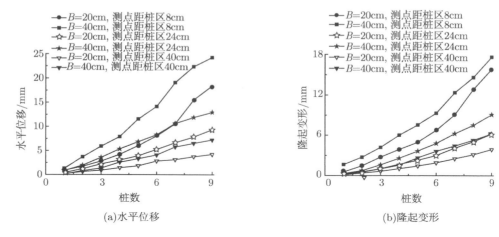

(a)水平位移　　　　　　　　　　　　(b)隆起变形

图 5-33　L=48cm 时不同道路宽度情况下位移变化曲线

5.5　本 章 小 结

本章采用模型试验，分别用 PVC 管材模拟地下管线、铝板模拟建筑基坑、预制水泥板模拟道路，研究了静压桩施工挤土效应对周围地下管线、基坑的影响以及存在道路约束条件下静压桩挤土效应，得到的结论如下：

(1) 静压沉桩过程中，地下管线的应变基本呈现逐渐增大的趋势，但在桩区与管线距离较小 (16cm) 时，管线应变有软化现象。距离增大后，应变软化现象不再出现。随着桩区与管线距离的增大，管线应变曲线逐渐从 "凹" 曲线向 "凸" 曲线过渡。管径越大，其抗弯刚度越大，抵抗变形的能力越强，则管线受到的应变越小；一般情况下，距离相同时，埋深增加，管线应变增加，而桩区与管线距离较大 (64cm) 时，随着埋深增加，管线应变有减小趋势；地下管线与桩区距离越近，其应变也越大。

(2) 静压沉桩过程中，基坑模型的水平位移逐渐增大，其中，基坑开挖面以上的水平位移比开挖面以下的水平位移略大。基坑平面尺寸越大，基坑水平位移越大，坑底隆起变形也越大；基坑与桩区的距离越小，基坑的水平位移也越大，坑底隆起变形也越大。受基坑变形的影响，基坑开挖面以上的土压力明显小于开挖面以下的土压力。基坑与桩区距离越远，基坑侧壁受到的土压力也越小。基坑平面尺寸增加后，其受到的土压力变小。

(3) 存在道路约束时，静压沉桩过程中，桩区内、桩区–道路间和道路外侧的土体水平位移和隆起变形表现出不同的变化性状，需要引起关注的是桩区–道路间土体的变形。对于距桩区 8cm 处土体位移，道路宽度不同时，地表土体水平位移和隆起变形呈现不同的变化规律；对于距道路 8cm 处土体位移，桩区与道路之间距离越近，其土体受到的侧向挤压力越大，其隆起变形和水平位移越大。桩区–道路间土体位移的测点距道路越近，最大水平位移和隆起变形都是不断减小，桩区与道路之间的距离由小变大，约束区内的水平位移曲线斜率由大变小，而隆起变形曲线斜率变化不甚明显。道路宽度对地表土体变形有一定的影响，总的来说，道路宽度更多地约束了水平位移的发展。

第6章　静压桩施工引起挤土效应的灾变控制技术

6.1　灾变控制原理

从理论分析可知，静压桩施工对周围环境的影响，主要是由于静压桩入土时排开等体积的土所引起的挤压作用。理论上只讨论了静压单桩的问题，也可为减少静压桩对周围环境的影响采取预防性措施提供依据，即静压桩施工引起挤土效应的灾变控制原理。

小孔扩张理论是假定土是不可压缩的，事实上，土体总是具有一定的可压缩性，为了研究土体压缩性的影响，Vesic(1974) 引用了一个修正的刚度指数 I_{rr} 代替原来所定义的刚度指数 I_r：

$$I_r = \frac{E}{2(1+\mu)C_u} \tag{6-1}$$

式中，C_u 为土的不排水强度。

修正的刚度指数 I_{rr}：

$$I_{rr} = \frac{I_r}{1 + I_r \Delta} \tag{6-2}$$

假定具有体积可压缩的土的模量、不排水抗剪强度和泊松比分别为 E'、C_u' 和 μ'，按刚度指数的定义应该写成

$$I_{rr} = \frac{E'}{2(1+\mu')C_u'} \tag{6-3}$$

通过上述三个关系式，可以求得体积可压缩性土体与体积不可压缩性土体的刚度比之间的关系为

$$\frac{E'}{C_u'} = \frac{2(1+\mu')}{2(1+\mu) + \dfrac{\Delta \cdot E}{C_u}} \cdot \frac{E}{C_u} = \xi_v \frac{E}{C_u} \tag{6-4}$$

式中，ξ_v 为具有平均体积应变时土的刚度比修正系数，$\xi_v = \dfrac{2(1+\mu')}{2(1+\mu) + \dfrac{\Delta \cdot E}{C_u}}$。

由图 6-1 可以看出若有一个微小的体积变化，就会大大地减少土体的刚度比，从而影响单桩周围塑性区的半径和扩张压力 [78]。为了减少和防止打桩对周围环境的影响，应从这一概念出发考虑有效的灾变控制方法。

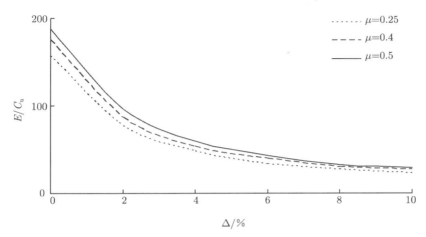

图 6-1 体积变化对刚度比的影响

6.2 灾变控制方法

为了减小沉桩施工引起的挤土效应的影响，必须减少施工过程中的挤土量，加快孔隙水压力的消散，减小其影响范围，可在设计阶段、施工前、施工期间采取一系列的灾变控制方法，以减小静压桩施工对周围工程环境的不利影响[79−81]。

6.2.1 设计阶段

当施工环境对控制水平位移要求比较高时，可从设计阶段即开始考虑灾变控制措施。可见，设计阶段减小挤土效应的工程措施是一种主动措施，十分重要，也很有效。在设计阶段可采取的工程措施主要有：

(1) 应详细了解周边环境，包括地下管线、市政道路及建筑物情况，初步分析静压桩施工挤土效应可能对周边环境产生的不良影响。

(2) 根据工程地质条件和桩基设计，初步估算挤土桩施工可能造成的土体位移情况，可采用 4.2.2 节所介绍的工程估算公式计算水平位移和竖向隆起。

(3) 根据具体工程条件尽可能通过增加桩长或采用大直径桩，以提高单桩承载力，减少桩的数量，减小平面布桩系数，从而减小挤土效应。

根据圆孔扩张理论，在饱和软黏土中压桩：①塑性区开展范围与桩径呈线性增加关系。采用长细桩有利于减小塑性区的叠加；②$E/C_u \leqslant 160$ 时，桩距 $S = 6R \sim 8R$，$E/C_u > 160$ 时，桩距 $S = 8R \sim 12R$ 较合适。其中，E 为土的变形模量，C_u 为土的不排水抗剪强度，R 为桩的半径。

建议在 $E_p/E_s < 500$ 的地区打桩时，应考虑沉桩的难易性。要适当考虑桩土共同作用，减少桩数，以利增大桩距。在该类地区进行桩基设计时，宜选用钻孔灌

注桩或预钻孔送桩。其中，E_p 为桩的弹性模量，E_s 为土的压缩模量。

(4) 有条件尽可能采用空心桩代替实心桩，减小挤土效应。对于管桩，采用开口桩尖还可以大大减少它的挤土量，而且由于开口管桩在施工中会产生相应的土塞效应，并不会减低桩的承载力。只有那些需要穿透较深硬土层的管桩基础才用桩尖。在不得已的情况下，局部的管桩也可由钻孔灌注桩代替 (虽然规范不推荐这种做法)。

(5) 桩基础的形状影响土体位移的分布。例如方形的比狭长的隆起更集中在桩基内部；不规则不对称的群桩侧移更大；桩基内部存在高差时，低区的隆起增加而高区的反而减少等。

桩入土一定深度后排开的土和挤压力主要是朝径向，即桩长增加了影响深度和范围，而主要不是扩大影响程度，所以桩长不如桩密度和桩数的影响大，设计疏而长的桩群比短而密的桩群更有利。

因此，在有挤土效应工程桩设计中，对高层建筑可以采用长桩加大桩距，降低布桩密度，对于裙房可采用疏桩基础。对 E/C_u 比较大时，可以考虑改用桩型，不用排土桩，而用非排土桩 (如钻孔灌注桩等)，或采用低排土桩，如开口钢管桩，H 型、I 型钢桩，钢管桩等。工程实测表明，同一地质条件下，钢管桩施工引起的孔隙水压力比钢筋混凝土预制桩小得多。

(6) 必要时可采用非挤土桩，如钻孔灌注桩或人工挖孔代替静压桩，消除挤土效应。

(7) 参考沉管灌注桩的一些做法，总体考虑桩的面度系数，所谓面度系数就是指该工程所打的桩的面积与建筑物底层面积比，一般控制在不超过 6%～7%。

(8) 设计时适当加大桩间距。根据《建筑桩基技术规范》(JGJ 94—2008) 规定，在饱和软土地基中，部分挤土桩的桩间距可以采用 3d。但是在实际设计时，尽管开口管桩属于部分挤土桩，但仍采用桩间距为 3.5d 的要求，加大桩间距后可有效减少沉桩时对相邻桩的偏位影响。

(9) 在挤土桩设计中应提出在施工阶段减小挤土效应的工程措施及测试要求。

6.2.2   施工前

根据需要可在压桩施工前采取下述措施，以减小压桩挤土效应。

1. 预钻孔取土法

预钻孔取土法是预先在桩位处或在打桩区内钻孔取土，基本思路是用这部分取出的土量去抵消一部分桩的挤土量，减少对周围土体的挤压力及扰动。但挤土影响并非沿桩体长度成比例减少挤土量，在桩区内和近距离的土体减少挤土量要多，40%～25%。因此，预钻孔取土法是减少预钻孔深度范围内挤土较直接的有效手段之一，特别对浅层的挤压作用可以减少，但上部的取土并不能改善深层土体的侧向挤压。

预钻孔取土也可以打在非桩位上。此种方法相当于增加了塑性区内土的体积压缩变形，对周围土体的扰动及挤压应力明显减小。目前，静压桩机不具备自钻孔能力，需另配备一台钻孔机，在大面积群桩的施工中，若钻一孔压一根，由于静压桩机底盘为步履式而非履带式，移动较费时，将影响施工效率；若钻若干孔后再一并压桩，应考虑桩机是否会压塌空孔而下陷。

预钻孔沉桩时的主要参数是预钻孔的孔径和孔深，孔径和孔深的变化会直接影响该措施的效果。一般预钻孔的直径为桩直径 (或折算直径) 的 $1/2\sim2/3$，预钻孔深也为桩长的 $1/2\sim2/3$，且一般控制在 10m 以内，并宜钻透浅层的淤泥层。这些参数的选取应根据具体工程情况进行调整。

根据浙江温州的工程实测数据，预钻孔深度范围内地基土体内的超静孔隙水压力可减小 40%，地基变位值可减小 30%，其影响深度可达钻孔深度以下 $2\sim3$m 的范围。因此，一般情况下，预钻孔沉桩在实际中的应用效果是很好的，这是因为静压桩挤土效应主要发生在浅层，由实测结果可知，随着入土深度的增加，土体水平位移快速减少，因此通过预钻孔，可以消除很大部分的挤土影响，且预钻孔施工简单，不会影响工程进度。

研究表明：在预钻孔情况下，土体水平和竖向位移的变化规律与无预钻孔情况是一样的，即随着径向距离的增大，位移量逐渐减少。在预钻孔情况下，水平和竖向位移的大小随着预钻孔孔径的增大而减少，但是随着径向距离的增加，位移减少量越来越小。同样，随着预钻孔深度的增大，位移量逐渐减少。但当深度到达 10m 左右后，竖向位移的差值已经不是很大了。

桩位预钻孔是一种有普遍适用性的控制挤土桩挤土作用的措施。对于保护地下管线预钻孔的深度需结合土层条件认真考虑，一般地下管线的埋深在 2m 以内，若管线之下有较厚的硬土层 (如粉质黏土)，能部分隔离下部软黏土的位移，则钻孔深度只需达管线下 $3\sim5$m，若无硬土层，管线下部为厚淤泥质土层，则钻孔需深达 10m 以上。这是由于在单桩周围，浅层土的位移大于深层土，而且浅层土以竖向位移为主，深层土则主要是侧向位移。如何选取预钻孔的深度，要求根据下列情况来决定：

(1) 浅层土体的强度和压缩模量；

(2) 桩直径；

(3) 桩密度和数量；

(4) 管线埋深；

(5) 管线和桩的间距；

(6) 管线的强度和变形性能。

2. 帷幕保护法

帷幕保护法是指在桩和管线之间一定的宽度和深度范围内设置隔离帷幕，以期隔离打桩引起的土体位移，起到保护帷幕另一侧的地下结构的作用。帷幕一般有两类：一类是柔性帷幕，另一类为加强帷幕。柔性帷幕通过减低土的强度、刚度和密度来达到吸收体积应变，减小挤土位移和打桩振动的作用。柔性帷幕的做法一般有防挤槽、钻孔排等。

1) 防挤槽

对于四周有很多老建筑物的情况，设计时应注明设置防挤槽，施工时应严格执行。设置防挤槽后，可以减少地基浅层土体的侧向位移和隆起影响，并减少对邻近建筑物和地下管线的影响。由于防挤槽主要用于浅埋基础和地下管线，故其深度不需要太深，且太深后易造成坍塌。工程中防挤槽的宽度一般为 1~2m，深度在 2~3m 即可，具体根据工程实际情况确定。

同样，设置防挤槽后，沉桩产生的挤土位移随着沟槽宽度的增加呈减少的趋势，但此影响仅限于槽底以上深度，槽底以下的挤土位移场与无槽时的差别很小，因此，防挤槽只能消除对土体的浅层挤压作用。但由于防挤槽不能做得深，无法隔断深层土的挤土作用，用它来保护浅层地下管线有一定效果。防挤槽底标高应位于被保护对象的基础底面以下，对邻近的被保护物体有良好效果。但根据地形，尚应注意打桩引起槽壁坍塌的危险。例如某工程工地东北角 5m 外，围墙外人行道下就有 7 根电缆，若开挖防挤槽，围墙就要倒塌，这在当时是不允许的，所以这部分就没有设置防挤槽。

在压桩区和要保护的建 (构) 筑物之间开挖防挤槽，其与桩长的关系如图 6-2 所示。

关系式为

$$h \geqslant h \left[1 + \frac{a}{l \cdot \tan \left(45° + \varphi/2 \right) - a - b} \right]$$

式中，l 为桩长；h 为保护对象的埋深；φ 为土体内摩擦角。

也可在槽内回填砂或者其他松散材料，这种防挤槽对于减少地基浅层的位移效果较好，用于浅埋管线的保护很好。防挤槽应挖通，否则会引起应力集中，影响路面和地下管线的安全。防挤槽和应力释放孔可同时使用。

2) 钻孔排

钻孔排较防挤槽有如下的优点：施工操作简便；钻孔排可以达到防挤槽法所无法达到的深度；钻孔排可以根据工程现场的特殊情况灵活布置。实践还反映钻孔排有以下特点：

(1) 一定间距的钻孔排帷幕具有明显的隔离位移和孔隙水压力的作用。

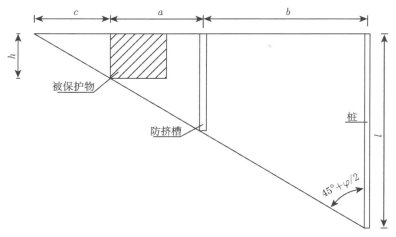

图 6-2　防挤槽示意图

a 为防挤槽中心到保护对象边缘的距离；*b* 为防挤槽中心到桩中心的距离

(2) 钻孔排的存在解除了大量的侧部约束力，使得帷幕内侧的水平位移加大。

(3) 钻孔排的隔离效果同被保护结构和隔离帷幕之间距离有关，隔离距离基本和帷幕深度一致。

刚性帷幕是指设置钻孔桩或设置钢板桩等来约束土体位移。但是，由于桩土变形协调，刚性帷幕的存在在一定程度上改变了桩与土体的位移分布模式，并没有改变位移总量。特别是在软土地区，普遍缺乏一个良好的锚固端，因此，若采用钢板桩等作为遮帘以减小水平位移，这种做法是既不经济也不科学的。

因此，这种方法只能在特定情况下实施，如周围存在重要的地下管线时，可在打桩流水作业的垂直方向设置一排钢板桩，能大大减小建筑物所在场地土体的位移量，这就相当于在挤土方向设置了一个防挤土的障碍，可以有效地保护地下管线。

3. 设置排水砂井或塑料排水带

在打桩区的四周或者群桩之间，间隔设置一定的排水砂井或塑料排水带。在静压桩挤土施工过程中，地基土中产生超孔隙水压力，此时，土中水可通过砂井或排水带板排出地面，土体排水固结，体积减小，加速孔隙水压力的消散，即可有效减小挤土桩形成的挤土效应。工程实测表明，砂井对孔隙水压力的减压作用平均达 40% 左右，在孔隙水压力出现峰值时，作用发挥得最好 (可减压 50~60kPa)，一般情况下，可减少 10~20kPa。在打桩区内设 1~2 排砂井，可使地面水平位移减少 1~2cm。

沉桩时对周围土体来说，可近似地认为是一个不排水挤压过程。随着入土桩的不断增加，土中孔隙水压力急骤上升，而超孔隙水压力又很难消散，因此土体的天然结构强度遭到破坏，引起土体的隆起和位移。如设置排水砂井和塑料排水板就是设置人工排水通道，加速孔隙水压力的消散，这是减少沉桩影响土体的有效且较为经济的途径之一。尤其在地下有浅埋含砂性土层时，效果更为明显。在沉桩过程中，可以看到砂井漫水现象。砂井可以根据不同的目的设置在沉桩周围或桩群内部，设在桩群内部的砂井还具有改善孔隙水流向的作用。排水砂井的施工最好采用出土灌砂挤压成孔工艺，砂井深度及间距视具体情况而定，目前各地区常用的砂井深度一般为 10m 左右，间距 1.50~2.00m，井径 0.40m(宜用小直径)，在沉桩区四周一般设置 2~3 排，梅花形布设。

此类方法主要目的是尽快使打桩引起的超孔隙水压力消散，但此类排水法对减少土体的体积变化率的效果并不很显著。以下举例分析：

设土的压缩系数 $a = 0.05 \times 10^{-2} (\text{m}^2/\text{kN})$，土的初始孔隙比 $e_1 = 1.4$；不排水抗剪强度 $C_u = 30 \text{kN/m}^2$。

根据小孔扩张理论，小孔扩张界面上的压力为 $7.5C_u$，则塑性区内的最大压缩量为 $e_1 - e_2 = 7.5 C_u a = 7.5 \times 30 \times 0.05 \times 10^{-2} = 0.11$。

体积变化率

$$\frac{e_1 - e_2}{1 + e_1} = \frac{0.11}{2.4} = 4.5\%$$

因此在此例中，排水法使可压缩的土体变成不可压缩的土体，最大只能促使土体发生 4.5% 左右的体积变化。

6.2.3　施工期间

在压桩施工期间采取下述工程措施可有效减小挤土效应。

1. 控制打桩速率

在软土地基中，压桩施工进度快，地基土体中孔隙水压力值增加快，土体抗剪强度降低明显，地基土体的变形值大，而且扩大了超孔隙水压力和地基变位的影响范围，所以压桩施工应严格控制每天压桩的数量。控制打桩速率，减慢压桩速度目的是使压桩挤土引起的超孔隙水压力有时间消散。超孔隙水压力消散可有效减小挤土效应。

实际打桩过程中，主要控制两个方面，一是日沉桩数量，二是连续沉桩天数。从减少影响的角度看，打桩速率越小越好，但是这涉及工期和经济效益问题，应统筹考虑。因此，一般情况下，打桩速率由现场监测结果来确定，如周围建筑物的变形、地基中的超静孔隙水压力和土体的水平位移等。打桩速率越快，孔隙水压力的集聚越快，土的扰动越严重，特别是打桩后期，打桩区内入土桩数已达一定数量，土体的可压缩性丧失,此时的打桩速率对挤土的影响特别明显。

根据浙江某些地区实践经验,日沉桩数宜控制在 3 根以内,连续沉桩天数不宜超过 5d。并应根据监测措施进行调整。在连续沉桩情况下,土体中的孔隙水压力不断积聚,对土的扰动不断增大。一般前期速度可适当加快,到打桩后期,由于土体已接近不可压缩,打桩速率大时土体的位移特别敏感,此时就应加强现场监督,严格控制打桩速率,采用间歇时间或改变打桩流水,尽量远离影响点。同时,可根据现场测试,控制每天的沉桩根数,如发现位移量较大,则减少沉桩根数或停止沉桩 1～2d,合理控制打桩速率,控制土体位移。

2. 合理安排打桩顺序

打桩顺序对减少环境影响、保护管线和建筑物效果较好,背着建筑物打桩比对着建筑物打桩其挤压影响要小得多,因为已打入的桩具有遮挡的作用,使挤土的方向有所改变,从而起到一定的保护作用。

目前,在工程施工中,为了减少沉桩带来的挤土影响,在打桩前制定一个合理的打桩顺序是很有必要的,该法在工程中应用最为广泛,常用的打桩顺序有:从中间往四周分散打桩、跳打、分区域打桩等。

打桩顺序并不减少总的挤压影响,而是改变它们的分布方式。先打入桩周围土的扰动,以及随后再固结和触变恢复,使桩土间产生抗位移阻力,在竖直向更大。于是土主要朝打桩前进方向挤去,对邻近建筑物的影响也循此规律。图 6-3 是布置在同一桩群中的两个测点,桩从远处向 A12 打来,而从 A15 的近端向远处打去,两者隆起值几乎相差一倍。此外还应注意,最早打入的桩受挤压影响最大。因此

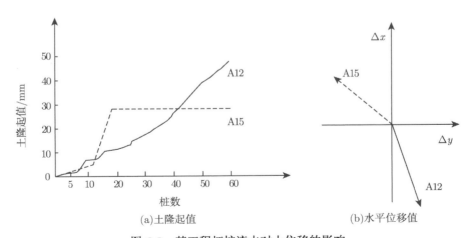

(a)土隆起值　　　　　　　　(b)水平位移值

图 6-3　某工程打桩流水对土位移的影响

常采用分区沉桩的办法,用区域大跳打及区域内小跳打相结合的施工顺序可防止孔隙水压力在某一区域的过大积累,使周围建筑物、管线等设施的各部分变形趋于均衡,以减小其变形差。因此一般应分区对称施工。但如果存在边坡挡墙等薄弱区域,或者邻近有需保护物存在,则应仔细权衡利弊。

在各种防治措施中,合理的压桩顺序是最经济实用的。在小范围内连续快速压桩的挤土效应最强。应尽量间隔距离压桩,尽量减小挤土效应的叠加。另外,由于先期压入桩的遮帘作用,压桩的流水施工方向对减小挤土效应有较好的效果。背着保护对象压桩比对着保护对象压桩的挤土效应要小得多。

为避免某一侧的地下管线、市政道路或建筑物受影响而产生移动,可以按从这一侧向另一侧的顺序压桩。

如果有些工程四周都有被保护对象,或四周都没有被保护对象,则压桩顺序原则上从中心向外围进行,即先从中心施压中部桩,最后向外围施压四周最外侧桩。这样安排的好处是中部桩施工后有较长的时间释放挤土应力和向外排水,可减少已沉入桩的上浮、偏位的可能性。

3. 设置应力释放孔

根据理论分析,在饱和软土中打桩会导致很高的孔隙水压力。应力释放孔的作用是促使孔隙水压力快速消散,一般设置在桩群四周,内填充粗砂等透水性强的材料。这种方法不增加打桩区内土的体积,而且通过透水性强的材料来排水是有一定道理的,许多工程中也经常应用到,实践表明:应力释放孔对减少沉桩的挤土效应的作用还是显著的。但是相比较与应力释放孔的应用,其减少挤土效应的机理研究还是比较滞后的。应力释放孔的设置在减少挤土效应的同时,有可能带来一定的桩体偏位;实际工程中设置应力释放孔时,其孔径大小、孔深的选择都还带有一定的经验性,尚需进一步研究。

应力释放孔分为场地外围钻释放孔和场地内钻释放孔两种。场地外释放孔通常是在围护一侧先钻一些直径 500~800mm 的钻孔,并用钢筋笼加上竹片护住孔壁,当沉桩向场地外围挤土扩张到达孔附近时,因孔中应力很低,流变的软泥优先挤入孔内,吸泥设备及时将软泥排出孔外,从而阻止软土向场外扩张,保护了邻近建筑物和管道。这种方法的缺点是降低了场地外围的水平应力,增加了工程桩到释放孔间的应力梯度,造成工程桩的水平位移的增加。场地内应力释放孔是指在沉桩的同时,在场地内打一些释放孔。此方法孔小而分散,且分布在桩密度大的部位,排除软泥减轻了土对桩的挤压,又减弱了土向场外的扩张。

4. 钻孔取土和取土植桩

由于浅层挤土效应比较明显,因此可采用钻孔取土来减小挤土效应。钻孔的直径宜略小于桩径，深度不超过第一节桩长的 2/3。此方法可以有效减小压桩过程中地基土的挤压应力。当桩长在 30m 以内时，钻孔取土对减小挤土效应的作用非常明显，对保护地基浅层的管线相当有利。

除钻孔取土外还可采用取土植桩。取土植桩是将预制钢筋混凝土桩或钢管桩，用预钻孔或中掘 (在管桩内挖土) 等方法进行沉桩后，再采取静压，对桩端进行固根，以增强承载力。本法与钻孔取土法的主要区别在于钻孔深度较深。

5. 尽量降低设备自重对地基的不良影响

静压桩机设备自重大，一般要求自重应大于施工过程最大压桩力的 10% 以上，大型的液压静压桩机吨位已达 5000kN 以上。因此对机下及附近土体所产生的扰动与挤压是客观存在的。当工程需送桩时，应及时将送桩孔用砂回填并冲水使之密实，以避免桩机下陷，加剧土体的挤压与隆起，对邻近建筑物及已入土的桩造成损害。在场地狭小、毗邻的危房较多、填土层较薄而下卧淤泥层比较厚且又难以采取防护措施时，不宜采用大吨位的静压预制桩。

6. 加强监测，实行信息化施工

监测主要包括地面沉降或隆起的测量，地基土体深层水平位移，已放置桩的竖向和水平位移等。

通过在挤土桩施工过程中对土体位移的监测，控制打桩速率，判断是否需要增加应力释放孔，以及采取其他减小挤土效应的措施。

6.3　监测方案及预警机制

6.3.1　土体位移监测

土体位移监测点在沉桩区内可均匀布置，沉桩区外应主要布设在边坡及对位移较敏感的建筑物所在区域。土体位移监测包括地面土体位移监测和深层土体位移监测[82]。

1. 桩周土体表面垂直位移、水平位移监测

打桩过程中，对周围的土体降产生明显的挤压作用，土体中孔隙水压力上升后不能及时消散，产生超孔隙水压力。桩周土体的侧向挤出、向上隆起现象明显，另外后期打入的桩会引起先期打入的桩产生桩头上抬和桩身侧移、弯曲，进而导致桩头偏位、群桩中心侧移。打桩结束后继续观测土体再固结引起的沉降。监测桩周地面土体变形，用测量仪器观测打桩过程中沉降板顶点平面位置和高程的变化情况，从而得到桩周土体在打桩动荷载作用下的位移数据，用同样方法也可以监测邻近

桩的偏移和上浮情况。地面土体垂直位移监测采用水平测量,水平位移监测采用视准线法测量。

水准点应埋设在基础压力影响范围和打桩振动影响范围之外,离开公路、地下管线最小 5m,埋设深度 2m。保证在整个监测期间不会被施工破坏,并且在监测视线不会受到阻碍。水准点的数目不少于 3 个。监测点布置考虑到打桩施工对测点的无法避免的损坏,测点数量现场可适当增加。监测点用木桩制成,木桩打入土中 0.5~1.0m,木桩周围的土体必须夯密实。

监测周期:打桩开始之前,测取初始值,打桩开始后,根据打桩进度情况调整监测频率,正常情况下,每天监测一次,如监测值发现异常,应适当增加监测次数,打桩结束后,继续监测土体再固结引起的沉降。

2. 深层土体位移

1) 深层土体水平位移 (土体测斜观测)

深层土体水平位移 (土体测斜) 监测,在打桩前在土体中埋设测斜管,然后采用测斜仪进行观测。测斜仪通过测量仪器轴线与铅垂线之间夹角的变化量来计算土层各点水平位移量。测斜仪在测斜管内一定位置滑动,就能得到该位置的倾角,计算后得到土层各标高处的水平位移。

某工程打桩前在距试桩区边线 40m 外,靠长江大堤方向布设位移观测点 I,钻孔后埋设 40m 长测斜管,并在测斜管外埋设分层沉降标 (磁性环),然后在测斜管与钻孔之间的空隙回填水泥、膨润土拌和的灰浆。经测斜试验可以发现,在距离打桩区 40m 外,桩引起的土体水平位移变化较小,4 月 4 日至 4 月 8 日打桩期间,最大土体水平位移仅为 3.8mm。打桩对远距离土体位移的影响主要集中在中、浅层。另外,可看出最大位移发生在桩身中部范围内,一般来说,桩尖部分挤土量小,桩身部分挤土量大。

2) 深层土体垂直位移 (分层沉降观测)

分层沉降监测是通过量测埋设在土体中不同深度处的沉降标 (磁性环) 的位移来确定土体的变形。如,某工程打桩前,在测斜管外埋设磁性环,埋设深度为 2.228m、4.214m、5.992m、7.763m、10.018m、12.238m 共 6 个深层土体垂直位移观测点。监测中由试验区打桩引起的土体垂直位移很小,10m 深处土体垂直位移只有 4mm,详细的分层沉降监测成果如表 6-1 所示。

表 6-1　深层土体垂直位移观测结果

磁性环埋设深度/m	2.228	4.214	5.992	7.763	10.018	12.238
最大垂直位移/mm	2	1	1	3	4	1

3. 桩周土体位移一般规律

通过对桩周土体位移的监测分析，打桩施工时对周边土体变位影响的一般规律：

(1) 周边土体的变位是动态的，近距离打桩时，土体向打桩区外变位；由近向远打桩时，水平位移又有所回落 (主要是因为孔隙水压力的消散，径向固结)。

(2) 打桩对远距离土体位移的影响主要集中在中、浅层，距打桩区 1 倍桩长范围外的深层土体水平位移较小。

(3) 最大的水平变位发生在桩身的中部范围内。

4. 土体位移监测资料应用

目前要正确地预估打桩造成的地基土侧向位移、沉降、隆起等变化值及影响范围尚很困难，一般参考相应条件下的实测值进行判断。通过现场桩周土体位移监测资料，整理出土体位移随桩数、施工流水、沉桩速率变化等的规律，预估位移发展趋势，整理垂直、水平位移随沉桩区距离变化的规律。土体位移包括位移量和位移速率两方面，并且绘制出位移–时间曲线可能呈现出三种形态，如果始终保持变形加速度小于 0，则该工程是稳定的；如果位移曲线随后即出现变形加速度等于 0 的情况，亦即变形速度不再继续下降，则说明土体进入 "正常蠕变" 状态，须发出警告，及时采取防治措施减少挤土影响；一旦位移出现变形加速度大于 0 的情况，则表示已进入危险状态，须立即停工，采取有效技术措施进行补救。

工程实测证实，在均匀软黏土中桩周土的位移等于全部入土桩体积，在夹粉砂或细砂的黏土中只占桩体积的 20%～40%，而在疏松粒状土反而被打桩所震陷。一般地，细粒土中打桩挤压影响范围比粗粒土大得多。施工人员应注意复杂土层情况：如上层为饱和软黏土，下层为疏松砂层，由于砂层的震陷抵消了地面隆起，但软黏土层中仍存在相当大的挤压力，相应范围内仍会出现由挤压引起的工程问题。

5. 土体位移防护措施

为了减少打桩引起的地基变位的影响，必须减少打桩施工中的挤土量和超静孔隙水压力，或加快超静孔隙水压力的消散，常用的防护措施如下：

(1) 设计中合理选择桩型，采用排土量大的空心管桩 (如 PHC 桩)，利用桩内土芯减少桩的挤土率，以承载力高的长桩扩大桩间距、减少桩数量，从而降低打桩引起的地基变位和超静孔隙水压力。尽可能加大打桩区与邻近建筑物之间的距离等。

(2) 施工中合理安排打桩施工顺序、进度；采用先开挖基坑后打桩的施工工艺，减少地基浅层软土的侧向位移和隆起，有利于降低超静孔隙水压力，减少地基深层土体变位。打桩施工时，降低地基中地下水位或改善地基土中的排水条件，减少或加快消散打桩引起的超静孔隙水压力。

(3) 在打桩施工区设置防挤土槽、防挤孔，减少地基土体侧向位移和隆起；采用防渗防挤壁，可适当控制超静孔隙水压力的影响范围，并加强对打桩邻近区域的地基土体位移的约束作用，有效地防护邻近建筑物免受损害。

地基土体位移的影响因素错综复杂，认真考虑采取合理的防护措施，减少地基土体位移量，结合实际工程的应用经验选用防护措施。

6.3.2　孔隙水压力监测

孔隙水压力监测在控制打桩引起周围环境的影响起到十分重要的作用，其原因在于饱和软黏土受挤压后首先产生的是孔隙水压力的增高，随后才是土颗粒的固结变形。孔隙水压力的变化是土层运动的前兆，掌握这一规律，就能及时采取措施，避免不必要的损失。

一般在沉桩区内选 1~2 处孔压预计较高的区域集中布点，不同深度监测点应搭配布置。主要监测孔压与桩入土深度、距离的关系，监测施工流水对孔压的影响，监测桩群外孔压变化情况，确定沉桩影响范围，沉桩结束后孔压消散规律。

在实际过程中，应根据工程施工引起的应力场、位移场分布情况，抓住关键部位，做到重点和常规量测项目配套，强调量测数据与施工工况的具体施工参数配套，以形成有效的监测系统，以达到工程和周围环境安全和及时调整施工和技术保护措施的目的。

6.3.3　周围建筑物监测

在打桩施工期间对周围建筑物影响进行监测和预报，确保打桩期间邻近建筑物、道路、管线和地下设施的安全，同时为打桩施工提供动态分析数据，以利于打桩施工实行信息化施工，随时作出相应的防治措施。

1. 打桩施工前对工程周围建筑物的调查研究

1) 周围建筑物的调查

(1) 建筑物的分布状况；

(2) 建筑物与打桩施工的最短距离；

(3) 建筑物性质，结构类型及各种建筑物在不同沉降差下的反应；

(4) 建 (构) 物在施工前已有裂缝、倾斜等情况的相关资料，并作标记、照相和绘图形成原始资料，同时对其承受变形的性能做出分析鉴定。

2) 周围管线和地下构筑物设施的调查

调查清楚周围主要管线情况，包括管道位置、管径、构造及接头形式等，并要收集地下构筑物及设施 (人防、共同沟、地铁隧道灯) 的基础形式及平剖面资料，调查邻近地区是否有对地面沉降很敏感的建筑设施 (如电视塔、烟囱等)。

3) 周围道路状况

周围道路性质、类型、基础、宽度、道路路面结构及损坏的修复方法。

2. 位移沉降监测

1) 刚体的沉降

刚体的沉降对建筑物功能一般不引起任何影响，事实上高层或重大建筑物在建成后的最初阶段都有不同程度的刚性沉降发生。

2) 倾斜

在桩施工阶段，倾斜角一般不至于过大，除对生产厂房稍有影响外，其他建筑可以不予考虑。

3) 相对挠曲

相对挠曲是由于基础不均匀沉降引起的，它对建筑物的影响，相当于超静定力学体系中的支座不均匀沉降，因此对系统的附加应力及功能的影响是显著的。一般对建筑物而言可以用两种不同的方式描述，即角畸变、弯曲引起的变形，如图 6-4 所示。

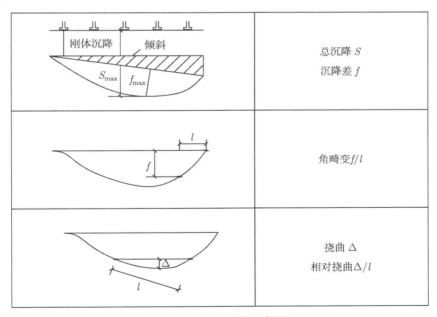

图 6-4 变形分析示意图

从角畸变角度而言，它会使门框、窗框等具有特定角度的构件边线间产生 $\Delta\alpha$ 的角应变，因此是造成门窗开启不灵的主要原因。从不均匀沉降角度而言，不均匀沉降会引起建筑物上凸或下凹，墙体、梁、柱等构件产生弯曲变形与附加应力，致使建筑物薄弱处产生裂缝。

相对挠曲相当于 Timosheko 在分析受弯构件时提出的最大线应变,它比某一点的绝对 (位移) 沉降更全面地反映了建筑物的变形与受力形态。考虑到以最大容许线应变为标准的破坏准则,可以认为相对挠曲值 ≤[ε] 是不出现裂缝的判定准则。不同的墙体材料最大许可相对挠曲 [ε] 值如表 6-2 所示。

表 6-2   不同墙体材料最大许可相对挠曲 [ε]

材料	砌体	素混凝土	钢
[ε]	0.02%	0.03%	0.05%

建筑物沉降量测点则应布置在墙角、柱身 (特别是代表独立基础差异沉降的柱身)、门边等外形突出部位,测点间距要能充分反映建筑物各部分的不均匀沉降。

3. 裂缝监测

裂缝开展的监测通常作为沉桩影响程度的重要依据。建筑物裂缝有直接监测和间接观察两种。直接监测是将裂缝进行编号并测读出位置,通过裂缝监测仪,进行裂缝宽度测读,该仪器肉眼监测的精度为 0.1mm,在无裂缝监测仪的情况下,也可更简单地对照裂缝宽度板大致确定所观察裂缝的宽度。裂缝的间接测量是一种定性化观察方法,对于确定裂缝是否开展很有作用,可用石膏标志方法,即将石膏涂盖在裂缝上,石膏干后用色漆在其上标明日期和编号。每一条裂缝需要两个标志,其中一个设在裂缝最宽处,另一个设在裂缝的末端处,并将其位置表示在该建筑面的平面图上,注上相应的编号。

4. 管线的监测

打桩区相邻地下管线的监测内容包括垂直沉降和水平位移两部分。目前工程中主要采用间接测点和直接测点两种形式。间接测点又称监护测点,常设在管线轴线相对应的地表,或管线的阀门井盖上,由于测点与管线本身存在介质,因而监测精度较差,但可避免破土开挖,在人员与交通密集区域,或设防标准较低的场合采用。直接测点是通过埋设一些装置直接测读管线的沉降,常采用抱箍式和套筒式。

根据沉桩挤土过程,采用土力学与地基基础中的有关公式预估地下管线的最大沉降及水平位移,设置警戒值,防患于未然。

6.3.4   预警机制

在沉桩过程中,对周围的土体将产生明显的挤压作用,在沉桩过程监测中,如果我们对每一个测试项目根据实际情况和设计要求,事先确定相应的警戒值,以判断位移或受力状况是否超过允许的范围,判断沉桩施工对周围环境的影响是否控制在安全范围内以及是否需要调整防控技术措施等。因此若对警戒值的确定提出定量化指标和判别准则，就会对可能出现的险情和事故提出警报，确保工程的安全和使用功能具有重要的意义。一般情况下，警戒值应由两部分控制，即总允许量和单位时间内允许变化量。

1) 监测预警参考值

根据大量工程资料，对一些项目提出参考警戒值。

(1) 砖混结构建筑物附近土体位移不得超过 60mm，每天发展不得超过 5mm。

(2) 框架结构建筑物附近土体位移不得超过 80mm，每天发展不得超过 6mm。

(3) 煤气管道的变位：位移不得超过 10mm，每天发展不得超过 2mm。

(4) 自来水管道的变位：位移不得超过 30mm，每天发展不得超过 5mm。

2) 建筑物在不同沉降差下的反应

(1) 一般砖墙承重结构，包括有内框架的结构、建筑物长高比小于 10、有圈梁、天然地基。当 δ/L 达到 1/150 的情况下 (δ 为差异沉降，L 为建筑物长度)，分隔墙及承重砖墙将出现相当多的裂缝，可能发生结构性破坏。

(2) 一般钢筋混凝土框架结构在 δ/L 达到 1/500 时开始出现裂缝，δ/L 达到 1/50 时发生严重变形。

3) 建 (构) 筑物易受损程度的划分

一般而言，在市区内进行打桩施工，其周围均有各种刚度各异的建筑物，我们可以把通常遇到的建筑，按易受损程度进行划分，作为确定防治方案的依据之一，根据实践可大概分为以下几类，如表 6-3 所示。

表 6-3　建 (构) 筑物易受损程度的划分

序号	名称	易受损程度	初始受损特征	受损原因
1	多层砖混结构	较易受损	隔墙窗脚出现微裂	不均匀沉降
2	框架结构	不易受损	墙纸裂开	整体倾斜
3	一层砖木结构	极易受损	门窗开启不灵，门洞顶底开裂	不均匀沉降
4	二、三层砖木结构	易受损	门窗开启不灵，地坪隆起	不均匀沉降
5	一层排架结构	较易受损	吊车行走不便	排架间错位
6	刚性市政管线	较易受损	涌水、冒气	接头受弯、受拉
7	素混凝土路面/地坪	易受损	开裂	薄板受弯

4) 沉桩监控技术标准

目前我国尚未颁布沉桩监控技术标准，根据华东沿海城市的压桩经验总结以下原则，可供参考：

(1) 减少日压桩数的标准。防护对象基础测点隆起量连续两天达到 3mm/d 或当日达到 5mm/d 或离桩位 5m 处土体水平位移量连续两天达到 5mm/d。

(2) 停止压桩施工的标准。防护对象基础测点累计隆起量超过 10mm，或离桩位 5m 处土体水平位移日增量达到 10mm/d。

(3) 恢复沉桩施工的标准。防护对象基础测点累计隆起量减小到 10mm 以内，或离桩位 5m 处土体水平位移日增量小于 2mm/d。

第7章 预制自排水桩的抗挤土效应研究

7.1 基于灾变控制的设计思想

在饱和软土中沉桩时产生挤土效应的主要原因是，在桩的挤压作用下，桩周土在短时间内的不可压缩性引起桩周土体产生很高的超孔隙水压力，由于软土的低渗透性，超孔压消散缓慢，从而产生挤土效应。控制挤土效应的方法之一，是设置竖向排水通道，如设置竖向砂井、砂袋井、塑料排水板等，以减少或缩短孔隙水的渗透路径，使在预制桩沉桩过程中，孔隙水可以较快地通过竖向排水通道而排出地面或消散。本章从挤土效应灾变控制的角度，提出了预制自排水桩的设计思想，所谓预制自排水桩就是将混凝土预制桩和竖向排水通道结合，在沉桩过程中，形成竖向排水通道，使桩达到自行排水、降低孔隙水压力的效果 [83,84]。

在制作钢筋混凝土预制方桩时，在其侧向增加竖向沟槽，如图 7-1(a) 所示。竖向沟槽可通过在制桩模板内垫以型钢或木条即可以形成，使之形成如图 7-1(b) 所示的横断面。在沉桩 (静压或锤击) 过程中，用灌砂漏斗，将含水量较小的黄砂，同步灌入并充满桩侧的竖向沟槽，如图 7-1(c) 所示。利用黄砂良好的透水性，使竖向沟槽和黄砂形成像砂井一样的竖向排水通道，借助于沉桩时和沉桩后的侧向挤压力，加快沉桩过程中和沉桩后桩周土超孔隙水压力的消散，从而达到降低挤土效应的目的。

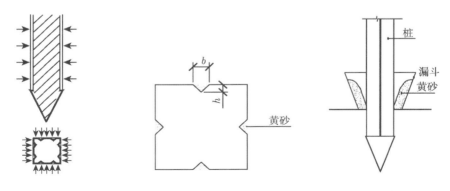

(a)预制自排水桩排水原理图 (b)预制自排水桩横断面图 (c)预制自排水桩灌砂工艺示意图

图 7-1 预制自排水桩原理设计图

7.2   预制自排水桩的抗挤土机理

7.2.1   沉桩时挤土应力计算

计算沉桩过程中沉桩应力 (图 7-2) 时，假定：

(1) 土是均匀的各向同性的理想弹塑性材料；

(2) 饱和软土是不可压缩的 (无排水的瞬间挤土)；

(3) 土体符合莫尔–库仑强度准则；

(4) 小孔扩张前，土体的各向有效应力均等；

(5) 土的内摩擦角 $\varphi = 0$，泊松比 $\mu = 0.5$。

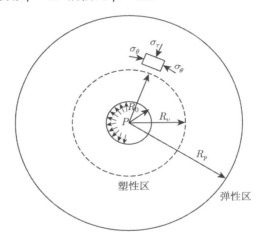

图 7-2   预制桩沉桩过程中沉桩应力

根据小孔扩张理论，小孔扩张的塑性区半径为

$$R_p = r_0 \sqrt{\frac{E}{2\left(1 + \mu\right) c_u}} \tag{7-1}$$

径向挤土应力为

$$\sigma_r = c_u \left(2 \ln \frac{R_p}{r} + 1\right) \tag{7-2}$$

竖向挤土应力为

$$\sigma_z = 2 c_u \ln \frac{R_p}{r} \tag{7-3}$$

式中，c_u 为桩周饱和土的不排水抗剪强度；r 为离桩中心径向距离；r_0 为扩张孔 (桩) 的半径；E 为桩周饱和土的弹性模量。

7.2.2 挤土范围分析

由式 (7-1)、式 (7-2) 和式 (7-3) 可得出以下结论：

(1) 由式 (7-1) 可知，对于具体地质条件下的具体工程所使用的具体的桩，沉桩时塑性区半径是不变的，桩径越大，挤土范围也就越大。

(2) 由式 (7-2) 可知，径向挤土应力在桩边缘处最大，为 $\sigma_r = c_u \left(2 \ln \dfrac{R_p}{r_0} + 1 \right)$。从桩中心开始，沿径向向外至 $R_p \sqrt{e}$ 处，$\sigma_r = 0$，也就是说，理论上，假如桩距大于 $R_p \sqrt{e}$ 时，后沉桩时对先沉桩不产生径向挤土应力，先沉桩不会因后沉桩施工而产生偏位或倾斜等情况。

(3) 将式 (7-1) 变换为 $\dfrac{R_p}{r_0} = \sqrt{\dfrac{E}{2(1+\mu) c_u}}$，由此可知，对于具体工程的具体土质而言，塑性区的半径 R_p 与扩张孔即桩的半径成直线关系，桩径越大，塑性区半径越大，挤土范围越大。

(4) 将式 (7-1) 代入式 (7-2)，并令 $r = r_0, \sigma_r = p_u$，可得桩土界面的最大挤压应力 $p_u = c_u \left[\ln \dfrac{E}{2 c_u (1+\mu)} + 1 \right]$，由此可以得出该应力与挤土桩的桩径无关，也就是说，在相同情况下，粗桩和细桩对土的挤压应力是相同的，此应力就是先沉桩桩周土的固结应力。

(5) 由式 (7-3) 可知，竖向挤土应力也是呈对数衰减，但至塑性区边界时，$\sigma_z = 0$，也就是说，理论上，若桩距大于塑性区半径时，后沉桩对先沉桩不产生竖向挤土应力，桩不可能产生"浮桩"现象。

7.2.3 挤土破坏原因分析

在饱和软黏土中进行预制桩沉桩施工，由于挤土的原因，桩周土中孔隙水压力迅速升高，其超孔隙水压力为 [85]

$$\Delta u = c_u [2 \ln(R_p/r) + 1.73 A_f - 0.58] \tag{7-4}$$

式中，A_f 为 Skempton 孔隙水压力系数，其余符号同前。

由于该超孔隙水压力的作用，导致桩周土中的竖向有效正应力降低。其降低值为 σ_z 和 Δu 之差，即

$$\Delta \sigma_z = -c_u (1.73 A_f - 0.58) \tag{7-5}$$

根据文献 [86]，对于黏土，A_f 可取 0.98。所以，按式 $\Delta \sigma_z = -c_u (1.73 A_f - 0.58)$ 计算的 $\Delta \sigma_z$ 为负值，也就是说，先沉桩桩周土的竖向正应力在其沉桩施工过程中和沉桩刚完毕时肯定要变小，所以，此时土的抗剪强度必然降低。

如果在先沉桩施工完毕，桩周土还没有来得及固结或固结度很低时就进行后沉桩施工，由于后沉桩的挤土作用，在桩距较小 (小于 $R_p \sqrt{e}$) 的情况下，先沉桩必

定受到此挤土的作用。理论上，当桩距等于 $R_p\sqrt{e}$ 时，先沉桩仅在朝后沉桩的一面受到该挤土力的作用；当桩距小于 $R_p\sqrt{e} - r_0$ 时，先沉桩的另一侧土也受到该挤土力的作用，且桩距越小，挤土应力越大，该挤土应力在先沉桩另一侧土的作用范围也越大。先沉桩桩周土的抗剪强度本来就因为先沉桩的施工而降低，当后沉桩的挤土应力大于沿先沉桩桩长的竖向范围内的桩周土 (平面一定范围内) 的抗剪强度时，或在先沉桩桩周土的一定范围内所产生的总挤土应力大于该范围内土体桩底截面处的总抗剪强度时，该处的土体就很容易产生剪切破坏而沿后沉桩挤土应力方向发生横向位移，从而带动先沉桩产生倾斜或偏位，这就是在饱和软黏土地区，预制桩沉桩施工中容易产生偏位和倾斜的主要原因，其原理如图 7-3 所示。也就是说，在后沉桩施工过程中，要使先沉桩不发生倾斜或偏位，就必须使先沉桩桩周土的抗剪强度大于等于后沉桩的挤土应力。

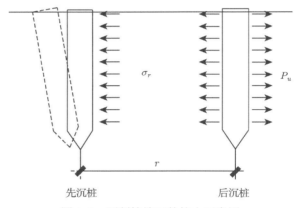

图 7-3　预制桩施工的挤土示意图

7.2.4　自排水桩沉桩时间间隔的计算思路

由于自排水桩的四周侧面均设有灌入黄砂的竖向砂槽，每施工一根自排水桩，就相当于为该桩每一侧面设置了一个类似于砂井、砂袋井或塑料排水板的竖向排水通道，这些竖向排水通道起着使先沉桩桩周土体的超孔隙水压力尽快消散，土体固结度尽快提高的作用。饱和软土地基的抗剪强度随固结度的增长而增长，增长幅度与固结压力和固结度有关 [87]。而随着固结度的增长，土的抗剪强度指标中的黏聚力增长比较明显，而对内摩擦角影响不太明显 [88]。也就是说，由于使用了自排水桩，在沉桩过程中和沉桩后的挤土应力和桩侧砂槽的排水作用加速了先沉桩桩周土体的固结，使抗剪强度得到较快增长，以增强抵抗后沉桩产生的挤土应力的能力，当先沉桩桩周土抗剪强度增强到大于后沉桩在先沉桩桩周所产生的挤土应力时，就不会产生因后沉桩施工而使得先沉入的桩产生偏位或倾斜的结果。

根据前述分析可知，要避免桩发生倾斜或偏位，在预制桩沉桩之前，必须确定出先沉桩桩周土的抗剪强度和后沉桩的挤土应力，以判断先沉桩是否发生偏位或倾斜，在此基础上，可计算出避免桩发生倾斜或偏位发生的先沉桩和后沉桩的时间间隔。挤土应力按式 (7-2) 计算即可，而先沉桩桩周土的抗剪强度要精确确定比较复杂，目前尚未发现有这方面的研究，这里，试图利用半经验半理论的近似方法对其进行探讨，其步骤为：

(1) 在桩基工程施工前，根据地质勘察报告，按式 (7-2) 计算出径向挤土应力 (该挤土应力即为先沉桩桩周土的固结压力)；

(2) 按文献 [89]、[90] 的方法，通过室内试验确定土的抗剪强度指标与固结度的关系；

(3) 根据设计图纸要求的桩间距，利用式 (7-2) 计算后沉桩对先沉桩桩周土的挤土应力，该挤土应力即为先沉桩桩周土的应具有的抗剪强度；

(4) 根据计算出的挤土应力，查室内试验所得的固结度与抗剪强度指标的关系，可得到所要求的对应的土的固结度；

(5) 由固结度和土的有关特性指标，可计算出要达到要求的土的固结度所需的固结时间，该时间可作为后沉桩的施工时间，即先后沉桩的时间间隔。

若按此时间间隔进行沉桩施工，即可达到抵抗或避免挤土效应的目的，即可避免桩发生倾斜或偏位。

7.3 预制自排水桩的排水计算及分析

7.3.1 计算假定

(1) 由于自排水桩的排水通道是桩侧四周的砂槽，且桩的断面一般都较单个砂井或塑料排水板折算断面大得多，但砂槽断面并不大，且不连续，此处用一个圆形砂井进行等代，等代原则是按面积等代，见图 7-4，即砂井直径

$$D = 2\sqrt{\frac{2bh}{\pi}} \tag{7-6}$$

式中，b 为桩侧砂槽的宽度；h 为桩侧砂槽的深度。

图 7-4 自排水桩计算截面代换图

(2) 每个竖井 (即每根桩) 的有效影响范围为一圆柱体。

7.3.2　预制自排水桩排水计算

从理论上讲, 由于孔隙水是通过砂井四周与土接触面渗进砂井的, 式 (7-6) 即是用一根桩侧槽的截面积总和与圆形砂井进行等代的, 所以, 这样等代应是合理的。同时, 桩断面一般要比正常所设计的砂井断面大, 这样等代效果应当是偏于保守的。因此, 可用轴对称问题的固结理论, 假如桩底面为不透水层, 在不考虑井阻与涂抹作用下, 砂井地基中任一点的超孔隙水压力为

$$\Delta u\left(z, r, t\right) = \frac{4\Delta u\left(r, t_0\right)}{\pi} \sum_{m=1}^{\infty} \frac{1}{m} \sin \frac{m\pi z}{2H} \exp\left(-K_m t\right) \tag{7-7}$$

式中, z 为软黏土体的某一深度 $(0 \leqslant z \leqslant H)$, r 为砂井半径; t 为孔压消散的某一时刻; t_0 为孔压刚开始消散时, 即 $t=0$ 时; H 为土层竖向排水距离, 双面排水时为土层厚度的一半; K_m 为竖向渗透系数 $\left(K_m = \frac{2K_h}{m_v \rho_w F(n) r_e^2}\right)$, 其中, K_h 为水平向渗透系数, m_v 为体积压缩系数 $\left(m_v = \frac{a_v}{1+e_0}\right)$, a_v 为土体压缩系数, e_0 为土体的初始孔隙比, ρ_w 为水的密度, $F(n) = \frac{n^2}{n^2-1} \ln n - \frac{3n^2-1}{4n^2}$, n 为井径比 $\left(n = \frac{r_e}{r}\right)$, r_e 为砂井影响范围的等效半径 $(r_e = 0.5d_e)$, d_e 为有效排水直径, 桩为正方形布置时, $d_e = 1.13l$, 等边三角形布置时, $d_e = 1.05l$, l 为砂井间距, m 为正整奇数 $(m=1, 3, 5, 7, \cdots)$。

砂井地基平均固结度为

$$U_{rz} = 1 - \left[1 - U\left(z, t\right)\right]\left[1 - U\left(r, t\right)\right] \tag{7-8}$$

式中, $U(r,t)$ 为砂井径向固结度, $U\left(r, t\right) = 1 - \exp\left(-\frac{8}{F(n)}T_r\right)$; T_r 为径向固结时间因素, $T_r = \frac{c_r t}{d_e^2}$, 其中, c_r 为径向固结系数 (mm^2/s); $U(z,t)$ 为竖向固结度, $U\left(z, t\right) = 1 - \frac{8}{\pi^2} \sum_{m=1}^{\infty} \frac{1}{m^2} \exp\left(-\frac{m^2\pi^2}{4}T_v\right)$; T_v 为竖向固结时间因素, $T_v = \frac{c_v t}{H^2}$, 其中, c_v 为竖向固结系数 (mm^2/s)。

只要将砂井径、竖向固结度代入式 (7-8), 即可得到预制自排水桩在土中任一深度处的平均固结度。

7.3.3 固结时间计算

本研究的条件是饱和软黏土中沉桩，所以竖向固结度影响很小，因此，可以只考虑径向固结度作为砂井的平均固结度，即

$$U_{rz} = U(r,t) = 1 - \exp\left(-\frac{8}{F(n)}T_r\right) \tag{7-9}$$

由于 $T_r = \dfrac{c_r t}{d_e^2}$，所以当土体其他指标已知，并且知道土体要达到的固结度 $\overline{U}_r$，即可按式 (7-9) 求出达到 $\overline{U}_r$ 所要求的经历时间为

$$t = -\frac{Fd_e^2 \ln\left(1 - \overline{U}_r\right)}{8c_r} \tag{7-10}$$

由此计算出在具体土质条件下，经过时间 t 后，即可以进行后沉桩的施工，而不会使先沉桩产生倾斜或偏位，即不会出现沉桩挤土效应问题，更不会对周围工程环境造成不利影响。

7.3.4 计算实例

某群桩基础，采用边长为 350mm 钢筋混凝土预制方桩，桩侧采用侧槽 h=25mm，b=50mm，如图 7-5 所示，桩呈正方形布置，间距 l=1.3m，桩长 15 000mm，桩端为砂层，场地土为淤泥质黏土，并测得其重度为 17.3kN/m³，含水量为 48.5%，孔隙比 e 为 1.29，变形模量 E=2.92MPa，黏聚力 c 为 13.8kPa，不排水抗剪强度 c_u 为 12.2kPa，室内试验测得平均固结度与黏聚力 c 关系如表 7-1 所示。

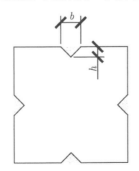

图 7-5 预制自排水方桩断面

表 7-1 平均固结度与 c 关系表

固结度/%	0	10	20	30	40	50	60	70	80	90
c/kPa	13.8	13.5	13.6	13.7	15.5	16.9	18.7	21.8	23.9	25.3

根据小孔扩张理论，计算得塑性区半径 $R_p = r_0\sqrt{\dfrac{E}{2\left(1+\mu\right)c_u}} = 2037$mm，同

时，可计算得到桩周土的挤土应力 $p_u = c_u \left[\ln \dfrac{E}{2c_u(1+\mu)} + 1 \right] = 57.2\text{kPa}$，此压力即为桩周土固结压力。

桩周土在挤土固结过程中，其变形模量 E 和桩周饱和土的不排水抗剪强度 c_u 都随固结度的提高而有所提高，但由式 $\dfrac{R_p}{r_0} = \sqrt{\dfrac{E}{2(1+\mu)c_u}}$ 可知，在其他条件不变的情况下，R_p 仅与 E/c_u 的值有关，因两者都有不同程度的提高，所以，此处近似地认为 R_p 没有变化，此时，径向挤土应力 σ_r 为

$$\sigma_r = c_u \left(2\ln \frac{R_p}{r} + 1 \right) = 23.2\text{kPa}$$

对应固结度为 77%。

砂井有效影响范围直径

$$d_e = 1.13 \times l = 1.13 \times 1.3 = 1.47\text{m}$$

砂井直径

$$d_w = D = 2\sqrt{\frac{2bh}{\pi}} = 2\sqrt{\frac{2 \times 50 \times 25}{\pi}} = 56.43\text{mm}$$

$$n = \frac{d_e}{d_w} = \frac{1470}{56.43} = 26$$

$$F = \frac{n^2}{n^2-1} \ln n - \frac{3n^2-1}{4n^2} = 2.51$$

如果固结系数 $c_h = 75\text{mm}^2/\text{s}$，按式 (7-10) 计算，得 t=13 285s=3.69h，也就是说，当先沉桩施工结束 3.69h 后，再进行后沉桩施工时，先沉桩就不产生偏位、上浮或倾斜，体现预制自排水桩较好的抗挤土能力。

如果不用预制自排水桩，此时只考虑竖向双面排水，竖向固结度与水平向固结度相同，则按下式计算竖向固结度：

$$\overline{U}_z = 1 - \frac{8}{\pi^2} \text{e}^{-\frac{\pi^2 T_v}{4}} \tag{7-11}$$

式中，$\overline{U}_z$ 为竖向平均固结度 (%)；e 为自然对数底。

在同样达到固结度 77% 时，取竖向固结系数与水平向固结系数相同，计算得固结时间为 t=383 383s=106.5h。

按上述计算结果，使用非预制自排水桩的排水时间与使用预制自排水桩的排水时间之比为 106.5h/3.69h=29，也就是说，使用预制自排水桩的固结速度是使用

非预制自排水桩固结速度的 29 倍，亦即使用预制自排水桩的固结速度比使用非预制自排水桩固结速度快 28 倍。由此可见，预制自排水桩的抗挤土能力是非常好的。

7.4 预制自排水桩的沉桩排水试验研究

7.4.1 室内排水试验研究

1. 试验方案设计

1) 试验桩

为比较分析不带侧槽的桩 (即常用形式) 和带侧槽桩 (按前述方法灌入黄砂) 的排水性能，试验采用带竖向侧槽和不带竖向侧槽两种类型桩，其中，不带竖向侧槽的试验桩为边长为 200mm 的普通方桩。为了确定竖向侧槽的形式对黄砂可灌性和排水性能的影响，试验选用了三种带竖向侧槽的桩，分别为方形 "["、三角形 "<" 和圆弧形 "("，带竖向侧槽的桩身横断面示意图如图 7-6 所示。试验桩桩长为 1200mm，为避免灌砂漏斗对沉桩的影响，试验桩沉入土体 1000mm。

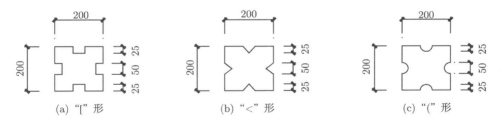

(a) "[" 形   (b) "<" 形   (c) "(" 形

图 7-6 带竖向侧槽的试验桩横断面示意图 (单位：mm)

2) 装土容器

为试验方便，装土容器选用刚度满足要求的油桶，其直径为 700mm，高为 1200mm，共 4 个，分别用于不带竖向侧槽和三个带不同竖向侧槽的试验桩的测试。由于桩土容器容积有限，为使土体排水条件尽量与实际情况相吻合，沿桶体下方四周均匀开设 6 个排水孔，并在排水孔处铺设好透水土工织布。

3) 测试仪器

试验过程中主要测量土体孔隙水压力和土压力的变化情况，其中，孔隙水压力测量采用的是 HXS-2 型孔隙水压力计，土压力测量采用辽宁丹东环球监测仪器制造有限公司制造的 HXY-4 型钢弦式土压力盒，均埋于距容器底 300mm 处，如图 7-7 所示，且分别将孔压计和土压力盒连接到 406 型读数仪和 GPC-2 型钢弦频率测定仪上。

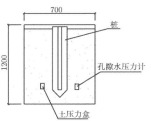

(a)钢弦式土压力盒　　　　　　(b)孔隙水压力计　　　(c)测量仪器埋设示意图(单位：mm)

图 7-7　测量仪器及其埋设图

4) 试验用黄砂的选择

用于填充桩侧竖向沟槽的黄砂应为流动性较好、透水性强的黄砂。为此，本试验对取自当地使用的江砂、矿中粗砂和细砂进行流动性测试。测试漏斗用铁皮制作，见图 7-8。测试前，先塞住漏斗下面的漏砂嘴，然后将漏斗装满黄砂，打开漏砂嘴后，看相同体积黄砂，哪一种黄砂漏空的时间最短，则那一种黄砂流动性最好，即选用其作为试验用黄砂。经过测试，三种黄砂完全漏空的时间分别为：矿中粗砂为 170s，江砂为 155s，细砂 150s。根据试验结果，应选择细砂作为试验用黄砂。但考虑细砂与江砂相比，其颗粒较细，其透水性远不如江砂，所以，选用江砂作为试验用砂。通过试验，该江砂的孔隙率为 43%，细度模数为 2.7，摩擦角为 38.1°。

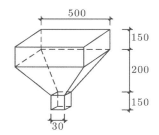

图 7-8　黄砂流动性测试漏斗 (单位：mm)

5) 试验用灌黄砂漏斗

沉桩试验时，用于灌黄砂的漏斗尺寸及形状见图 7-9(a)(按计算，漏斗侧壁与竖直方向的夹角为 57.5°)，用胶合板制作，其实物如图 7-9(b) 所示。在实际工程施工时，为提高漏斗的耐久性，应用铁皮制作，同时，应做到重量轻，且要有足够强度、刚度，能够长时间重复使用。

6) 试验用土样

试验土样选用盐城当地有代表性的天然软黏土，即将取自现场的天然软黏土运至室内，经过筛选，去除杂质后在四个试验容器中用人工分层填筑、压实，并用塑料薄膜覆盖，在大约 10kPa 压力下固结 20 天，分别测得其物理力学性质指标，列于表 7-2。

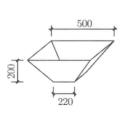
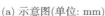

(a) 示意图(单位: mm)　　　　(b) 实物图

图 7-9　试验用灌黄砂的漏斗

表 7-2　土样指标参数

容重/(kN/m³)	含水量/%	孔隙比 e	压缩模量 E_s/MPa
17.9~18.8	33.7~39.4	0.85~1.15	2.85~4.84

2. 试验程序

本试验程序为: 装土 (在装土过程中, 按预定位置埋设相应孔隙水压力计和土压力盒)→ 装满土后, 经过压实、固结 → 试验前, 测试初始孔隙水压力、土压力 → 在容器的中心位置安放灌砂漏斗 → 试桩就位 → 在漏斗中加砂 → 沉桩 (同时测试孔隙水压力及土压力)→ 沉桩结束 → 按规定时间测试孔隙水压力、土压力 → 测试结束, 挖去容器中试验土, 检查灌砂效果。

3. 试验结果与分析

1) 土压力变化

试验结果表明, 试验过程中四种桩型的土压力变化均很小, 此处略。

2) 桩侧沟槽灌砂效果

试验结束后, 细心地将侧槽外侧泥土挖去, 检查侧槽黄砂情况, 发现整个侧槽都充满黄砂, 没有发现间断等不连续现象, 也没有发现被土挤断现象, 如图 7-10 所示, 可见, 其灌砂方法是可行的, 其效果是理想的。说明采用的三种桩的断面形式、尺寸以及灌砂方法, 只要黄砂足够干, 灌砂漏斗侧壁角度合理, 施工方法得当, 就能使黄砂充满桩的侧槽, 即侧槽能起到砂井、砂袋井或塑料排水板的作用。同时, 如果在实际工程施工中, 使用锤击法沉桩, 由于锤击的振动作用, 桩侧槽内黄砂可能更加密实, 其效果可能更加明显。

图 7-10　侧槽黄砂

3) 孔隙水压力变化

由于土是通过人工装入容器的, 其密实度可能不均匀, 将不同试验容器中的数据绝对值进行比较, 可能有不合理之处, 因此, 为消除人工装土不均匀性对孔隙水压力的影响, 这里用孔隙水压力变化的相对值来进行对比分析。其相对的对象都是与桩沉入土中 0.5h 的孔隙水压力值 (根据试验结果, 都是在沉桩过程中与沉桩后的最高孔隙水压力), 其结果见表 7-3。

表 7-3　孔隙水压力变化相对值表　　　　　　　　　(单位: %)

断面	0.5h	1h	2h	4h	6h	8h	13h	19h	24h	31h	41h	44h	48h
无侧槽	100	98	98	98	98	98	98	97	94	94	92	92	92
"<" 形侧槽	100	89	86	85	80	74	68	66	50	47	45	41	41
"[" 形侧槽	100	99	97	91	88	78	76	75	59	53	53	53	51
"(" 形侧槽	100	91	87	83	75	71	63	63	56	52	52	52	50

根据表 7-3 绘制的孔隙水压力相对值与时间的变化曲线如图 7-11 所示。可以看出, 由于无侧槽桩 (普通), 即非自排水桩四周排水不畅, 导致沉桩引起的超孔隙水压力释放速度非常缓慢, 在沉桩后 24h 时, 仅释放 6% 左右, 在 48h 时仅释放8%, 其孔隙水压力消散曲线接近一条水平线, 这与文献 [91] 结论基本是一致的, 即孔隙水压力消散缓慢, 这就是在饱和软黏土中进行预制桩沉桩时, 容易产生浮桩、偏位和对周围环境产生影响的主要原因。同时, 也说明自排水桩的侧面砂槽可以起到类似于砂井一样的排水作用。

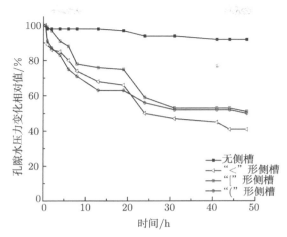

图 7-11　孔隙水压力 (相对值) 消散曲线

　　试验所采用的带侧槽的自排水桩，在沉桩过程中，尽管孔隙水压力的消散曲线有交叉，但总的变化趋势是一致的，自排水桩的孔隙水压力消散速度比非自排水桩要快得多。在沉桩 24h 后，其孔隙水压力已经消散 41%～50%，48h 后，消散约 50%～59%，比非自排水桩快 5.25～6.4 倍。其主要原因是自排水桩桩侧的砂槽起到了排水作用，也就是说，自排水桩的作用发挥比较明显。

　　就带侧槽的预制桩而言，在孔隙水压力的消散前期，带 "(" 形侧槽的预制桩的孔隙水压力消散最快，后期带 "<" 形侧槽最快，相比之下，带 "[" 形侧槽的效果稍差，这主要是因为在砂随沉桩灌入过程中，"(" 形侧槽和 "<" 形侧槽容易充满侧槽，而 "[" 形侧槽的两个角不易充满，砂体积不足所引起的。

4. 试验结论

　　由室内试验结果，可以得出如下结论：

　　(1) 与普通预制方桩相比，自排水桩的排水效果是非常明显的，其孔隙水压力的消散速度是普通桩的 5.25～6.4 倍，起到了类似于塑料排水板、砂井或砂袋井的排水作用；

　　(2) 从黄砂流动性和排水效果两方面综合考虑，采用江砂比较适宜；

　　(3) 从试验沉桩难易程度看，自排水桩的沉桩阻力与普通桩基本没有区别；

　　(4) 桩侧沟槽断面采用 "[" 形、"(" 形和 "<" 形的排水功能差别不大，但从施工制作方便、桩身承载能力及钢筋制作、黄砂对侧槽的充满度等方面综合考虑，采用 "<" 形为好，其三角形底边长 50mm、高 25mm 的灌砂效果能满足要求。

7.4.2　现场排水试验研究

1. 现场试验场地条件

现场试验在盐城工学院图书馆前场地进行，根据附近图书馆工程地质勘察报告，该场地土为淤泥黏土，厚度达 6m 以上，其物理力学性质指标见表 7-4。

表 7-4　土的主要物理力学性质指标

容重/(kN/m³)	含水量/%	孔隙比 e	塑性指数 I_p	压缩模量 E_s/MPa	压缩系数/MPa⁻¹
17.0~17.4	46.1~52.2	1.26~1.32	13.6~15.7	2.5~2.7	0.84~0.92

2. 现场试验用桩

现场试验采用两种类型的桩，即普通钢筋混凝土方桩和带 "<" 形侧槽的自排水桩，见图 7-4，其中，槽深 $h=25\text{mm}$，槽宽 $b=50\text{mm}$。两种类型桩的边长均为 200mm，桩长均为 1200mm。混凝土强度等级均为 C25。

3. 现场试验其他条件

现场试验用砂采用干江砂，由于试验条件限制，沉桩用人工夯至规定深度，如图 7-12(a) 所示，采用漏斗同室内试验。图 7-12(b) 为沉桩结束时的情况。

(a)沉桩　　　　　　　　　　　　　　　　　　　　(b)沉桩结束

图 7-12　现场试验沉桩图

4. 试验测试及结果

试验测量土体孔隙水压力时，仍采用 HXS-2 型孔隙水压力仪和 406 型读数仪，埋设于距桩底 300mm 处。

现场试验测得孔隙水压力变化见表 7-5。为了消除仪器间测试误差，此处用相对值表示，相对的对象为沉桩结束时 (0) 的孔隙水压力，其结果见表 7-6。并根据表 7-6 绘制图 7-13。

表 7-5　现场孔隙水压力变化表　　　　　　　　（单位：MPa）

类型	0	1h	2h	4h	6h	8h	12h	24h	48h	72h
普通方桩	0.0058	0.0073	0.0088	0.0080	0.0077	0.0073	0.0069	0.0062	0.0054	0.0047
自排水桩	0.0067	0.0067	0.0053	0.0034	0.0034	0.0029	0.0024	0.0020	0.0005	0.0005

表 7-6　现场孔隙水压力相对值表　　　　　　　　（单位：%）

类型	0	1h	2h	4h	6h	8h	12h	24h	48h	72h
普通方桩	100	126	152	138	133	126	119	107	93	81
自排水桩	100	100	76	49	49	43	36	30	7	7

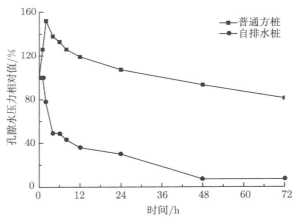

图 7-13　现场孔隙水压力消散图

5. 试验结果分析

由表 7-6 及图 7-13 可看出，由于普通方桩四周排水不畅，导致沉桩引起的超孔隙水压力消散速度非常缓慢，在沉桩 24h 后，孔隙水压力几乎没有消散，甚至比沉桩结束时还要大一些，即使在 48h 时亦仅消散 7%（与室内试验的 8%基本一致），72h 后才消散 19%，与室内试验基本相同，且与有关文献结论是一致的，这就是在饱和软黏土中沉桩时，容易产生浮桩、偏位和对周围环境产生影响的主要原因。自排水桩在沉桩 2h 后，消散孔隙水压力 24%，12h 后消散 64%。48h 后消散 93%，此时，比普通桩的孔隙水压力消散速度快 13 倍，尽管现场试验结果比室内试验结果快 1 倍多，但总的趋势是相同的。可见，自排水桩的排水效果是非常明显的。

6. 试验结论

由前述试验结果可知，自排水桩由于设有灌入黄砂的竖向排水通道，在淤泥土中，对于降低由沉桩引起的超孔隙水压力比普通方桩要快得多，以 6h 为例，自排水桩就消散超孔隙水压力达 49%，而普通桩的孔隙水压力不仅没有降低，反而有所提高，与文献 [92] 的结果比较一致。排除其他因素影响，普通方桩降低很少，以 48h 为例，自排水桩比普通方桩要快 13 倍，以 72h 为例，要快 4 倍多。也就是说，如果在淤泥土中使用混凝土预制桩，使用自排水桩的沉桩速度可以比使用普通预制桩快很多。

预制桩沉桩过程中，容易产生浮桩、倾斜和偏位的主要原因就是由于超孔隙水压力。因此，孔隙水压力的消散速度越快越好，室内和现场的试验结果均表明自排水桩确实可以加速孔隙水压力的消散，说明该项技术是可行的、适用的。

7.5　预制自排水桩的承载力试验研究

7.5.1　桩身承载力试验研究

1. 自排水桩桩身承载能力计算

单桩的竖向承载力主要取决于地基土对桩的支承能力，一般情况下，桩的承载能力由地基土的支承能力决定，材料强度往往不能充分发挥，但对于自排水桩而言，由于桩侧四周均设有竖向侧槽，使桩断面有了一定程度的减小，从桩身角度看，其承载力降低多少，必须进行研究。

对于普通轴心受压的混凝土预制桩的桩身承载力按轴心受压柱的方法计算，即

$$R = \varphi \left(f_c A_p + f'_y A_g \right) \tag{7-12}$$

式中，R 为单桩竖向承载力设计值；φ 为混凝土构件稳定系数；f_c 为混凝土轴心抗压强度设计值；A_p 为桩身横截面面积；f'_y 为纵向钢筋抗压强度设计值；A_g 为纵向钢筋截面面积。

单纯考虑桩的轴心受压，式 (7-12) 也适用于自排水桩，但此时的混凝土桩横截面面积 A_p 应为 A'_p，且

$$A'_p = A_p - 4 \times bh/2 = A_p - 2bh \tag{7-13}$$

式中，b 为侧槽宽度 (mm)；h 为侧槽深度 (mm)；b、h 均见图 7-4。

在设计过程中，按式 (7-12)、式 (7-13) 很容易计算桩身的竖向承载力。但在设计过程中，由于桩断面类型的改变，无法像预制方桩那样配置箍筋，否则，主筋的保护层可能不够，甚至局部地方没有保护层，不能满足要求。因此，要使自排水桩既满足承载力及吊装要求，又满足规范的规定，也能适应桩的结构特点，可将桩断面设计成图 7-14(b)、(c) 类型。但这两种类型桩的竖向承载能力从理论上是可以计

算的，实际情况如何，必须通过对桩进行桩身竖向承载力试验，为该种桩型设计提供正确的设计方法和依据。

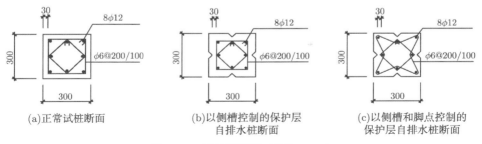

(a)正常试桩断面　　　　　(b)以侧槽控制的保护层　　　　　(c)以侧槽和脚点控制的
　　　　　　　　　　　　　　　　自排水桩断面　　　　　　　　　保护层自排水桩断面

图 7-14　试桩断面图 (单位：mm)

2. 试件制作

为便于比较分析，并考虑试验的偶然性及其他因素的影响，试验共设计三种试件，即按正常设计方法设计断面，主箍筋和附加箍筋均为方箍，如图 7-14(a) 所示，混凝土预制桩的保护层从桩的最外侧算起 30mm；图 7-14(b) 是按侧槽处最小保护层 30mm 配置箍筋，主箍筋和附加箍筋的形状亦均为方箍，此时的桩混凝土保护层在非侧槽部位较普通桩要大，达到 55mm；既使四角点处保护层达到 30mm，也使侧槽处最小保护层达到 30mm，将主箍筋设计成折线形状 (八边形)，附加箍筋仍为方箍，如图 7-14(c) 所示。此处要说明的是，自排水桩使用的是三角形侧槽，其尺寸为 $b=50$mm，$h=25$mm。

当箍筋的间距较大时，箍筋约束混凝土的作用不明显，但考虑自排水桩是作为在特殊地基中才使用的特殊桩型，在特殊地质的工程中使用时，可采取特殊方法，使箍筋间距适当减小，所以试件边长为 300mm，而箍筋间距采用 200mm，其目的主要是考虑桩身设有竖向侧槽以后，混凝土面积减少，增加一定的核心混凝土强度，亦即增加桩身的竖向承载力。图 7-14 中三种试件的长度均为 1500mm，混凝土强度等级均为 C25。

3. 试验加载方式

试验采用逐级加载方式，20kN一级，每级加载时间为 3min。试验在 YAW-J5000F 试验机上进行。

4. 试验破坏形态

试件 (a) 破坏时，首先出现细的竖向裂缝，最终出现斜裂缝，斜裂缝大致与水平面呈 65° 夹角；试件 (b) 在临近破坏时竖向裂缝较大，主要在保护层外，最终破坏也出现斜裂缝，但不太明显，且出现竖向裂缝与斜裂缝之间的时间较试件 (a) 短得多，斜向裂缝与水平面夹角约 80°；试件 (c) 出现的竖向裂缝和斜向裂缝都比较明显,其斜向裂缝与水平面夹角约 75°。试验均压至出现斜向裂缝为止。表 7-7 给出了试件 (a)、(b)、(c) 的破坏荷载。所有试件纵筋都被压弯,箍筋都没被拉断。

表 7-7　试验破坏荷载列表

试件	试验破坏荷载 /kN	相对于 (a) 试件 试验破坏荷载/%	恢复到方桩截面的 破坏荷载/kN	相对于 (a) 试件恢复到方桩 截面的破坏荷载/%
(a)	2156.8	100	2156.8	100
(b)	1923.5	89.18	1966.3	91.16
(c)	1989.4	92.24	2032.2	94.22

5. 试验结果分析

根据试验结果,对于 (b)、(c) 试件,如果将它们的截面恢复到方桩断面形式,把侧槽所减少的混凝土横断面的面积分别乘以 (b)、(c) 试件的平均应力,加到本试件的破坏荷载上,得到 (b)、(c) 试件恢复到方桩截面的破坏荷载,见表 7-7 第四栏。由表 7-7 第三栏可知,自排水桩由于断面面积减小和断面形状的改变,桩身承载能力有所下降,分别为正常桩试件承载力的 89.18% 和 92.24%。由表 7-7 第五栏可知,即使将 (b)、(c) 试件的断面恢复到方桩形状,仍然达不到原断面的承载力。但从表 7-7 中可看出,试件 (c)(主箍筋为八边形) 的承载力要稍好于试件 (b) 的承载力。

根据试件受力情况,可将桩截面分为三个承载区域,即箍筋以外 (保护层) 混凝土、箍筋内混凝土 (核心混凝土) 和主筋,也就是说试件的总荷载分别由保护层混凝土、核心混凝土和主筋承担,即

$$N = N_{\mathrm{cor}} + (A - A_{\mathrm{cor}} - A_g)\sigma_b + f_y' A_g \tag{7-14}$$

式中,N 为总承载能力;N_{cor} 为核心混凝土承载能力,$N_{\mathrm{cor}} = A_{\mathrm{cor}} \times f$;$A_{\mathrm{cor}}$ 为核心混凝土面积;f 为核心混凝土轴心抗压强度;σ_b 为保护层混凝土强度 (混凝土轴心抗压强度);A、A_{cor}、A_g 为构件截面总面积、核心混凝土面积和纵筋面积;其中,核心混凝土面积 A_{cor} 取箍筋所围的面积减去纵筋面积;f_y' 为受压纵筋强度。

由于制作试件的混凝土为同一泵车的混凝土,且浇筑工艺相同,所以,可以认为三种试件箍筋以外混凝土的承载能力是相同的;主筋为同一批钢筋,故可以认为主筋的承载能力也是相同的;试件的承载能力不同的原因主要是核心受压混凝土的承载能力不同。从试验结果可以看出,试件 (b) 承载能力最小,且相对来说,箍筋外的混凝土 (即保护层) 面积最大,核心混凝土面积最小,箍筋对混凝土的约束影响最小,所以,可以近似地认为试件 (b) 的平均混凝土强度即为该批混凝土的轴心抗压强度。由此,按式 (7-14) 计算得该批混凝土的轴心抗压强度 f_c 为 17.12 MPa。按图 7-13 计算得试件 (a) 和 (c) 的混凝土核心部分的混凝土面积分别为 57 600mm²、

39 024mm², 可计算得出试件 (a) 和试件 (c) 的核心混凝土的轴心抗压强度分别为 1177.08 kN 和 730.58kN, 计算得核心混凝土抗压强度分别为 19.44 MPa、18.72MPa。从计算结果来看, 虽然三种试件箍筋间距相同, 但由于制作尺寸不同, 导致所包围的核心混凝土面积不同, 其核心混凝土抗压强度不同, 在箍筋间距相同的情况下, 箍筋所包围的混凝土断面尺寸越大、面积越大, 核心混凝土强度提高越多。因此, 可以认为, 这就是将自排水桩断面恢复到方桩断面时, (b)、(c) 试件的破坏荷载仍达不到试件 (a)(见表 7-7 第四、第五栏) 的破坏荷载的主要原因。

6. 试验结论

根据桩身承载力的试验结果, 可以得出如下结论:

(1) 自排水桩由于改变了形状和尺寸, 导致桩身断面面积减小、受力不均匀、应力突变等, 桩身承载能力有一定程度降低, 如果使用的主箍筋为八边形形式, 约在 6%, 对于一般土质来说, 桩的承载力应该仍由土对桩的支承能力所决定;

(2) 即使试件断面、主筋和混凝土标号相同, 箍筋直径及间距相同, 但形状大小不同, 其核心混凝土轴心抗压承载力也是不同的;

(3) 尽管自排水桩的桩身承载力与原设计断面相比, 其承载力有一定降低, 但降低数值较少。所以, 对饱和软黏土场地, 且预制桩桩距又较小时, 可以使用自排水桩;

(4) 试件 (b)、(c) 虽然承载力相差不大, 但考虑桩在吊装时的安全性, 由于试件 (c) 断面类型桩的有效高度大于试件 (b) 断面类型桩, 所以试件 (c) 比试件 (b) 断面类型桩的抗弯能力要强, 所以, 选择断面 (c) 类型桩比较适宜。

7.5.2 单桩竖向承载力试验研究

1. 地基土对自排水桩的支承力计算

地基土对自排水桩的支承力和对钢筋混凝土方桩的支承力一样, 由两部分组成, 即端阻力和侧阻力。由于自排水桩桩端与普通钢筋混凝土方桩基本一样, 所以, 如果说地基土对自排水桩的支承与钢筋混凝土方桩有何区别, 就是在侧阻力方面, 因此, 此处探讨地基土对自排水桩的支承力计算主要是自排水桩的侧阻力问题。

桩-土间相互作用的机理相当复杂, 并且土性千变万化, 尽管有很多专家和工程技术人员采用多种理论和方法探讨了单桩极限承载力的确定方法[93-95], 但都有较强的经验性与地域性, 因而很大程度上仍依赖静载试验。我国《建筑桩基技术规范》(JGJ 94—2008)(以下称《规范》) 规定钢筋混凝土预制桩的极限承载力的确定方法主要有原位测试法和经验参数法等。为方便计算和比较, 并考虑自排水桩在工程中的适用性, 本书按《规范》第 5.3.5 条之规定, 根据土的物理指标与承载力参数之间的经验关系确定单桩竖向极限承载力标准值, 其中, 总极限侧阻力标准值

按下式计算:

$$Q_{sk} = u \sum q_{sik} l_i \tag{7-15}$$

式中,u 为桩身周长;l_i 为桩穿越第 i 层土的厚度;q_{sik} 为桩侧第 i 层土的极限侧阻力标准值。

  在《规范》中,式 (7-15) 中的 q_{sik},按土的不同名称和状态,取不同的数值,这样,就可以很容易计算出桩的总极限侧阻力标准值 Q_{sk}。但自排水桩在其侧槽部位与土不是直接接触的,而是在桩、土之间有侧槽中的黄砂相隔,从理论上讲,桩在这部分区域的竖向荷载传递路径为桩 → 黄砂 → 土。此时,桩、黄砂、土之间传递荷载的作用与桩–土直接传递荷载的作用从性状上讲,应是不同的。

  预制桩侧阻力并不是直接发生在桩土接触面,而是发生在桩周土体中,发生在桩周附着层与附着层周围土体中,附着层与周围土体的分界面是桩达极限破坏时的桩周土体剪切滑动面。文献表明,无论是在黏土中沉桩,还是在砂土中沉桩,桩侧表面附着层厚度在 4.4~6.1mm,预制桩的附着层厚度在 5~20mm,可使桩的有效直径增大 5%~7%。自排水桩的桩侧摩阻力在非砂槽部分应该也是符合这种机理的,而在侧槽部分,由于槽中黄砂直接与桩接触,黄砂是随沉桩而逐渐充斥侧槽,桩与黄砂之间并没有附着层,所以,该部分的侧摩阻力直接发生在侧槽和黄砂之间,同时,还是因为黄砂是随桩一起沉入土中的缘故,此时就相当于先有盛放黄砂的空间,后才黄砂填满,因此,其受力性状与非砂槽部分是不同的,砂、土之间的作用性状相当于非挤土桩。

  如前所述,自排水桩侧槽部位荷载传递路径为桩 → 黄砂 → 土,因此,该部位侧阻力的大小应由桩侧土内部、土–砂之间、黄砂内部、砂–桩之间的抗剪能力较小者决定。由于混凝土预制桩表面 (包括侧槽) 一般都比较光滑,与砂体内摩擦角和土–砂之间摩擦角相比,桩与黄砂之间的外摩擦角要小,且土–砂之间还有一定的黏聚力,所以,在饱和软黏土中自排水桩侧槽部位,土对桩的支承能力不取决于砂槽部位的黄砂内部的抗剪能力和土–砂之间的抗剪能力,而取决于桩–砂之间的摩阻力及砂槽外侧土的抗剪能力,在具体工程中,应取两者中的较小值。

  侧槽外土的抗剪能力发生在侧槽外的土中,其数值近似等于桩周附着层与周围土体的分界面剪切滑动面的剪切力,亦即土对桩的支承力,也就是说,如果砂槽外侧土的抗剪能力较小时,土对自排水桩的支承力等于对非自排水桩的支承力,该力按前述方法确定。如果桩–砂之间的摩阻力较小,在侧槽部位,应按桩–砂之间的摩阻力确定桩的支承能力,计算过程如下。

  由前述可知,自排水桩桩侧摩阻力由两部分组成,即侧槽部分和非侧槽部分,可用下式计算 (每边按单槽计算):

$$Q_{sk} = Q_{sk1} + Q_{sk2} = A q_{sik1} + (u - 4b) \sum q_{sik2} l_i \tag{7-16}$$

式中，Q_{sk1} 为侧槽部分桩的总极限侧阻力；Q_{sk2} 为非侧槽部分桩的总极限侧阻力，按非自排水桩计算；A 为桩侧槽部位砂与桩接触面积，$A = 4cl$；c 为侧槽与黄砂接触部分宽度，$c = 2\sqrt{h^2 + \left(\dfrac{b}{2}\right)^2}$；$u$ 为无侧槽时普通方桩周长；l 为侧槽长，即桩长，$l = \sum l_i$；q_{sik1} 为侧槽部分桩的极限侧阻力标准值；q_{sik2} 为非侧槽部分桩的极限侧阻力标准值，应按《规范》表 5.3.5-1 中土的名称和状态取相应的数值。

2. 自排水桩与普通钢筋混凝土预制桩侧阻力的比较

自排水桩的侧阻力与普通混凝土预制桩侧阻力相比，其差值主要反映在侧槽部位。如果计算结果是侧槽外土的支承能力较小，则直接取桩周土对桩的支承力，自排水桩的支承能力没有变化。如果计算结果是桩–砂之间摩阻力较小，则取桩–砂之间摩阻力，其差值计算如下。

将式 (7-16) 化简后可得其差值为

$$\Delta Q_{sk} = 4b \sum l_i q_{sik2} - 4cl q_{sik1} \tag{7-17}$$

式中，ΔQ_{sk} 为自排水桩与普通混凝土预制桩侧阻力差值；其余符号同前。

式 (7-17) 中的 $4cl q_{sik1}$ 为侧槽对桩的支承力，$4b \sum l_i q_{sik2}$ 为砂槽部分桩侧土对该部分 (普通桩) 的支承力。根据文献，b 可取 50mm，h 可取 25mm，计算得 $c = 70.7$mm，$c/b = 1.41$。按《规范》表 5.3.5-1，混凝土预制桩在黏性土中，当 $I_l > 1$(流塑) 时，极限侧阻力标准值在 24~40kPa；当 $0.75 < I_l \leqslant 1$(软塑) 时，极限侧阻力标准值在 40~55 kPa；当 $0.5 \leqslant I_l \leqslant 0.75$(可塑) 时，极限侧阻力标准值在 55~70 kPa。而根据本地现场所采用的中粗砂测量，其相对密实度为 0.56，达到中密，按《规范》表 5.3.5-1，非挤土桩在中密的黄砂中的极限侧阻力标准值在 53~72 kPa(泥浆护壁钻孔桩) 之间。

$4cl q_{sik1}$ 与 $4b \sum l_i q_{sik2}$ 相比，c 是 b 的 1.41 倍，$l = \sum l_i$，桩在黄砂中的极限侧阻力标准值 q_{sik1} 与在可塑黏性土中的极限侧阻力标准值 q_{sik2} 之间差别相比，可以忽略不计，如果与桩在软塑黏土中的极限侧阻力标准值相比，还要大一些，所以，从理论上讲，按黄砂对自排水桩的支承力绝不小于桩周土对其支承能力，也就是说，尽管桩周表面比较光滑，但黄砂对自排水桩的支承能力并没有降低，砂槽部位自排水桩的支承能力也不取决于砂–桩之间摩阻力，而取决于砂槽外侧土的抗剪能力。所以，在进行自排水桩支承力计算时，可直接按非自排水桩的方法计算。

3. 现场试验

1) 试验桩制作

试验桩包括带侧槽的自排水桩和不带侧槽的普通方桩两种桩型，两种桩的边长均为 200mm，总长度均为 1200mm(桩尖部分均为 200mm)，自排水桩侧槽尺寸为：$b = 50\text{mm}$，$h = 25\text{mm}$，两种桩的桩尖部分完全相同，混凝土为同机搅拌的 C20 混凝土。

2) 试桩场地地质情况

试验场地为苏北沿海地区的某地，沉桩处土层为淤泥质粉质黏土，土的有关指标见表 7-8，土层厚 3.5m。地质勘探资料建议桩同土磨擦力标准值 $q_{sik} = 16\text{kPa}$，桩端土承载力标准值 $q_{pk} = 110\text{kPa}$。

表 7-8   试验场地土质指标

$\omega/\%$	$\gamma/(\text{kN/m}^3)$	e	I_p	I_l
44.3	17.2	1.25	13.2	1.68

3) 试桩沉桩

试桩用压入法沉桩。普通桩是按正常压桩方法，在桩位处直接压入。自排水桩的施工程序是：桩位处立桩 → 套漏斗 → 灌黄砂 → 压桩直至结束。侧槽试验用黄砂为中粗干砂，细度模数 2.9，空隙率 41%。图 7-15 给出了沉桩完成时桩及周边地表状况。

(a)普通方桩   (b)自排水桩

图 7-15   沉桩完成时桩及周边地表状况

4) 试桩测试

测试采用压重平台反力装置、手动液压千斤顶和 0~50mm 百分表，见图 7-16。

图 7-16   现场测试图

4. 试桩结果分析

(1) 试桩在沉入 28d 后进行静载测试, 图 7-17 给出了测试结果。普通方桩承载力 24kN, 自排水桩承载力为 28kN。从试桩结果来看, 自排水桩的承载力比普通混凝土桩的承载力稍大, 这是因为从沉桩到试桩时间较短, 自排水桩由于有排水砂槽, 土体固结快, 而普通方桩四周土排水速度慢, 固结亦较慢。

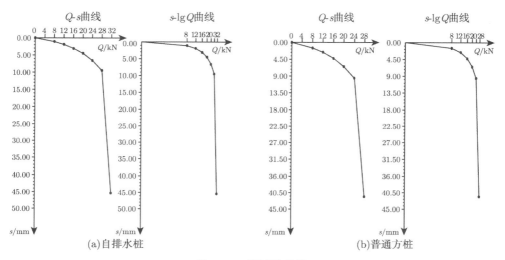

图 7-17 桩试验曲线

(2) 在桩静载测试结束后, 用人工将桩侧槽处土体刨开, 其侧槽处黄砂如图 7-18 所示, 可以看出, 黄砂是随桩一起入土的, 且能够充满整个侧槽, 也就是说, 桩侧砂槽能够起到竖向排水井作用, 说明该种桩型是实用可行的。

图 7-18 桩侧黄砂

5. 试验结论

(1) 理论和试桩结果均清楚地表明, 地基土对自排水桩的支承能力并没有因桩侧加了侧槽而降低, 反而有所增加。虽然由于普通方桩四周土固结较慢, 承载力增加较慢, 可能随着沉桩后时间的增长, 承载力还会有一定增长, 但承载力测试时间是在沉桩后 28d 进行的, 符合现行桩基检测规范的有关要求。综合 7.5 节中桩身承载能力的测试结果, 采用三角形槽及八边形主箍时, 桩身承载力仅降低 6%, 可以说自排水桩的实际承载能力并没有降低, 说明该种桩是适用的。

(2) 试验结束后, 将桩侧土刨开后观测侧槽黄砂, 可以看出, 与室内试验结果是一致的, 在沉桩过程中, 黄砂是能够充满侧槽的, 说明该项技术是成熟的, 可以应用于饱和软黏土地区的桩基工程。

7.6 预制自排水桩的沉桩工艺

由于自排水桩改变桩断面形式, 且在沉桩过程中, 需灌入黄砂, 所以, 与普通混凝土预制方桩相比, 其施工工艺有所不同。

1. 桩的制作

混凝土预制方桩制作的主要工艺过程为模板制作和立模、钢筋制作和绑扎、混凝土浇筑、养护、脱模、起吊、运输等。在这些施工过程中, 自排水桩与普通混凝土预制方桩的主要不同点在模板制作和立模、钢筋制作和绑扎、混凝土浇筑。其中, 模板制作时, 在模板的底及左右三面内固定三角形 (底宽 50mm, 高 25mm) 木条 (木模, 用铁钉固定) 或型钢 (钢模, 焊接) 即可, 另在混凝土浇筑完毕时, 在顶面还要用三角型钢 (宽 50mm, 高 25mm) 压槽。钢筋制作主要是八边形主箍。制作时, 按施工图纸要求尺寸下料, 弯曲时, 从一端弯钩开始, 按放样尺寸, 依次弯曲, 最后封闭即成。混凝土浇筑与普通混凝土预制桩并无不同, 但由于主箍筋为八边形, 中间为 "凹" 形, 所以, 对位置准确性要求较高, 因此, 在安放钢筋笼时, 其垫块数量要足够, 浇筑混凝土时, 要注意钢筋位置正确。

2. 沉桩

由于自排水桩在沉桩过程中, 要用漏斗将黄砂灌入桩侧沟槽, 因此, 其施工工艺与普通混凝土预制桩相比, 有不同之处, 其沉桩主要工艺如下:

测放桩位 → 桩机就位 → 吊起桩锤和桩帽 (静力压桩时无此过程)→ 在桩位安放灌砂漏斗 → 吊桩并对准桩位 → 固定桩帽、桩锤 (三者在同一直线上, 静力压桩时, 无固定桩锤过程, 增加压杆伸至桩帽顶)→ 在漏斗内放入干黄砂 → 小落距施打 (小于 1m, 静力压桩时为试压)→ 正常施打 (入土 2m, 通过漏斗灌入黄砂, 静力压桩时为正常施压)→ 送桩 → 撤除漏斗。

7.7 预制自排水桩的经济性分析

本研究是在钢筋混凝土预制方桩周围设置竖向侧槽,在沉桩过程中,通过漏斗灌入黄砂使之充满桩身侧槽,使砂槽起着类似于砂井、砂袋或塑料排水板的排水作用。因此,研究自排水桩的经济性,只需将自排水桩制作和施工过程中所增加的费用与钢筋混凝土预制方桩加砂井、砂袋或塑料排水板的方法时所增加的费用加以比较,即可验证其经济性。

由于桩基工程的特殊性,如果仅比较一根桩是不合理的,所以,为了便于比较,此处以一项工程作为比较。同时,与砂袋井或塑料排水板相比,砂井费用应是比较低的,所以,此处就用砂井的费用与自排水桩作比较。

假设某项工程需 200 根预制方桩,同时配 200 根砂桩,工程桩和砂桩长均为10m,砂桩桩径 100mm。按江苏省 2004 年建筑定额计算,该工程施工砂桩费用 (含材料) 见表 7-9,砂桩施工机械进 (退) 场费及组装拆卸费用见表 7-10。两项费用合计 34 971 元,也就是说,为了达到减少挤土效应的目的,需增加费用 34 971 元。折合到每根桩费用为 174.86 元。

表 7-9 砂桩费用计算表 (单位:元)

人工费	材料费	机械费	管理费	利润	规费	税金	合计
1660	5400	2480	460	280	185	423	10 888

注:按 10m 以内施工计算。材料费、人工费、机械费均按现行江苏省和本地有关价格费用规定计算。

表 7-10 砂桩措施项目费计算表 (单位:元)

项目	人工费	材料费	机械费	管理费	利润	规费	税金	合计
施工机械运输费	795	47.81	10 638.2	1257.65	800.32	390	810	24 083
施工机械组装拆卸费	2120	33.25	5770.52	867.96	552.34			

同样,如果使用 200 根自排水桩,桩边长为 300mm,每侧均采用三角形 "<"槽,其中槽深 $h=25mm$,槽宽 $b=50mm$,其费用见表 7-11,总费用为 5439 元,即若使用自排水桩,需增加费用 5439 元。折合到每根桩的费用为 27.20 元。

表 7-11 自排水桩费用计算表 (单位:元)

人工费	材料费	机械费	管理费	利润	规费	税金	合计
1000	2763	1000	250	150	84	192	5439

注:人工费主要是灌砂费用,机械费实际上不增加费用,此处主要作为预备费用;材料费考虑黄砂费1470元,模板费 800 元 (模板内三角木条,共4 套模板);材料费、人工费、机械费均按现行江苏省和本地有关价格费用规定计算。每根八边形箍增加长度 21mm。

从上述计算结果可知,使用自排水桩增加的总费用比普通桩加砂桩所增加的费用低约 85%。在实际施工时,相差可能还要大些,因为实际施工时,除消耗黄砂和增加制桩内模板外,几乎不增加其他费用。如果使用砂袋井或塑料排水板,增加的费用可能还要大。而且如果使用普通混凝土预制方桩加砂井、砂袋井或塑料排水板,其施工环节、施工机械增加,施工工期变长。

7.8　预制自排水桩的可行性分析

7.8.1　与国内研究比较

为减小预制桩的挤土效应,国内一般做法为:①在桩间加砂井、砂袋井、碎石桩或塑料排水板;②混凝土芯砂石桩,利用混凝土芯砂石桩的砂石壳作为竖向排水体,加速桩间土超孔隙水压力的消散,从而达到消除孔隙水压力,减小挤土效应的目的;③刚体排水桩及负压排水系统的发明专利等。

1) 与在桩间加砂井、砂袋井、碎石桩或塑料排水板比较

工程实测结果表明,砂井对孔隙水压力的减压主要平均为 40% 左右;塑料排水板对降低孔隙水压力作用一般。而本研究结果,无论室内试验还是现场试验,都与其所介绍的砂井减压作用相当,也就是说,自排水桩与砂井的排水效果是基本相同的。但在桩间加砂井、砂袋井、碎石桩或塑料排水板,需要用两种施工机械,采用两道工序,增加材料消耗,这样,导致了工程成本增加,工期变长。同时,由于其距离较大,离桩较远,排水效果较差。如果用加大这些桩型密度的方法解决该挤土问题,势必增加砂袋井、砂井、碎石桩或塑料排水板数量,工程成本将更高,施工量加大,工期也加长。所以,自排水桩与在桩间加砂井、砂袋井、碎石桩或塑料排水板相比,具有施工环节少、施工成本低、施工周期短、经济效益和社会效益均较高的特点。

2) 与混凝土芯砂石桩比较

混凝土芯砂石桩是采用振动沉管技术,在沉管中心设置直径 20cm 的钢筋混凝土预制桩,在其四周灌满砂和碎石屑,以形成桩的壳体,其排水原理与自排水桩基本一样,3d 消散孔隙水压力 50%,而本研究采用的自排水桩,室内试验在 48h,孔压消散 50% 左右,比混凝土芯砂石桩要快,现场试验的结果比室内试验还要快。自排水桩与混凝土芯砂石桩相比,其效果应当说基本接近,这两种桩型试验时,可能由于试验时土的性质、试验条件等方面存在一定差异,但不管怎么说,自排水桩的排水性能是毋庸置疑的。但混凝土芯砂石桩在施工前,同样要预制钢筋混凝土桩,在沉桩过程中,要将原预制桩放入沉管内,还要在其四周灌满砂和碎石屑,这道工序是比较复杂的。同时由于受沉管直径的影响,部分预制桩的直径才 20cm,尽管

可以使用高强混凝土和预应力钢筋，但其承载力不可能很大。所以，据有关资料介绍，现有的混凝土芯砂石桩技术仅适用于解决的是路堤基础等浅基础在使用期间出现的沉降或不均匀沉降问题，是否适用于深基础，尚未见有关文献报道。同时，即使可以用于深基础，同样也存在施工工序复杂、施工机械多、施工周期长、工程成本高等诸多问题，也不符合国家现行的有关政策。

3) 与刚体排水桩及负压排水系统比较

刚体排水桩及负压排水系统专利中，通过在桩体的下端设锥体，桩体内设主排水管，主排水管下端穿透锥体的锥尖，上端通到桩体的上部，通向桩体外的抽水管，桩体的垂直外表面的中上部设沟槽，沟槽内装有排水板，沟槽与主排水管间设有通水管。土中孔隙水在外部抽水设备作用下，通过桩侧沟槽的渗排水板板内，再通过桩身横向孔道流入主排水管，最后经主排水管流入到外部抽水管排出的一种方法。该专利已发布多年，至今未见使用，说明其适用性或其他方面可能存在不足。再者，刚体排水桩及负压排水系统无论在桩的制作，还是沉桩，其施工环节均较多，施工周期较长，且施工质量难以保证，工程成本高。同时，该种方法需要用专门的抽水设备抽取地下水，使施工和管理变得较为复杂，其经济效益相对较差，同样，它也不符合国家现行的节能减排政策。

7.8.2 技术熟练程度

(1) 预制自排水桩排水原理与砂井相同，所以实际应用的也是砂井排水理论，这一理论在现今应该说是比较成熟的。所以，利用预制自排水桩加快土中超孔隙水压力消散，减小预制桩施工时产生的挤土效应，避免或减少沉桩过程中桩偏位、倾斜的作用是毋庸置疑的。

(2) 在进行预制自排水桩设计时，桩周土抗剪强度计算，只要在工程实施前，按有关要求进行地质勘察时，通过土的抗剪强度指标与固结度的关系试验，确定土的抗剪强度指标与固结度的关系，在进行桩基设计时，即可按计算的挤土应力与室内试验所得的固结度与抗剪强度指标的关系，可查到所要求的对应的土的固结度；由固结度和土的有关特性指标，可计算出要达到要求的土的固结度所需的固结时间，该时间可作为先后沉桩施工的间隔时间。固结时间的计算方法简单，思路清晰，技术成熟，对于从事岩土工程的专业技术人员来说，应该是很容易做到的。

(3) 在进行地基土对桩的支承能力设计时，与钢筋混凝土方桩没有差别；在进行钢筋混凝土桩身设计时，按钢筋混凝土受压构件确定箍筋间距，这对于从事土木工程专业的技术人员来说，也是不难做到的。

(4) 在钢筋制作过程中，其主要区别就是主箍筋用了八边形，其下料过程是一样的，所不同的是箍筋每边按施工图纸要求的尺寸增加弯曲部分，作为施工的钢筋工，是很容易做到的，与正常钢筋施工方法相比，并没有特殊之处。在进行混凝土预制桩模板制作时，只要在模板的底及左右三面固定三角形木条 (木模板，底宽 50mm，高 25mm) 或型钢 (钢模板)，在混凝土上表面加同样规格木条或型钢压槽即可。对普通木工来说，属于正常施工方法。在沉桩时，使用漏斗，并在桩就位后，加入干江砂，在沉桩过程中，灌入干砂即可，并不是什么难以完成的工序，所以，也是很容易做到的。因此，从施工角度来说，预制自排水桩的沉桩过程与普通钢筋混凝土预制方桩等预制桩并无二样，其施工技术是成熟的。

7.8.3　社会经济效益分析

预制自排水桩主要应用于饱和软黏土地基，与砂井、砂袋井、碎石桩或塑料排水板相比，可以将原来先做砂井、砂袋井、碎石桩或塑料排水板，后再预制桩沉桩的两个施工阶段，使用两种不同施工机械 (如使用塑料排水板时，还包括使用不同材料) 的施工方法，变成一道沉桩程序，使用一种施工机械的施工方法。因此，可以说，使用自排水桩简化了施工环节、减少了施工机械种类、节约材料、减少能源消耗、加快了工程施工进度。经济性分析表明，使用预制自排水桩所增加的成本不足普通桩加砂井所增加成本的 1/5，比起砂袋井、碎石桩或塑料排水板，节约的工程成本可能更可观，同时也为社会节约资源及能源，其经济效益和社会效益是非常明显的。

在达到同样功能的条件下，使用刚体排水桩及负压排水系统专利，该种专利，施工环节较多，施工周期较长，材料消耗较多，施工质量难以保证，同时，该种桩型在后期排水时，需要专门负压排水系统，机械、人工、能源消耗较大，施工周期长。

如果采用钻孔灌注桩等方法作为工程桩基，则其成本还要大得多。

综上所述，使用预制自排水桩可以节约材料，降低工程成本，加快施工进度，减少施工环节，降低能源消耗的效果是非常明显的，可以极大地提高社会效益和经济效益。

7.8.4　创新之处

预制自排水桩的创新之处在于：

(1) 从理论上探讨了预制自排水桩沉桩时土体固结度、桩周土的抗剪强度、先沉桩桩周土固结时间的计算方法，研究了自排水桩和非自排水桩的排水规律及其之间的差别。

(2) 利用干黄砂的无黏聚性、砂的自重以及沉桩时所产生的振动，在沉桩过程中同时借助于灌砂漏斗，使砂同步灌入桩侧竖向沟槽，形成有效的竖向排水通道，使预制自排水桩达到应有的排水功能。

(3) 把混凝土预制方桩和设立竖向排水通道 (砂井、砂袋井或塑料排水板) 的使用两套施工机械，经过两个施工过程的做法变为只使用一套施工机械，经过一个施工过程，把沉桩工艺和专门施工排水通道工艺合二为一，使施工工序大为简化，达到了加快施工速度、减少施工机械、简化施工程序、降低能源消耗、缩短施工周期、提高经济效益和社会效益的目的。

7.8.5 存在问题与改进意见

鉴于现场和有关试验条件的限制，与预制自排水桩有关的下列问题还有待于进一步研究与探索：

(1) 侧槽壁粗糙度问题。室内和现场试验表明，随着桩的下沉，黄砂均充满了侧槽，这是预制自排水桩的关键所在。但本研究的室内试验和现场试验所用的桩长度均较短，工程桩要比试验桩长得多，此时的黄砂灌入效果是否达到要求，需要进一步加以现场试验研究，为解决这个问题，应加大侧槽壁的粗糙度。这样，在沉桩过程中，利用沉桩过程中土的侧压力，增加桩-砂之间的摩擦力，就能够保证砂随桩一起沉入土中，基本保证预制自排水桩侧槽黄砂的连续性和均匀性，即可以进一步保证桩侧槽完全起到竖向排水井的作用，其制作方法可以通过增加沟槽模板的木条或型钢表面粗糙度来解决，但其粗糙程度如何，还需通过理论和试验作进一步探讨。

(2) 侧槽数量问题。本研究的试验主要局限于单槽，即方桩每侧面设一条侧槽，如果工程桩的断面较大，单槽的排水效果可能变差。但要变成双槽或多槽时，桩身断面结构设计时就比较困难，主要是箍筋配置时难以处理，如何设计，需进一步研究。其初步措施是既用主箍也用方箍，减小核心混凝土面积，但桩身承载力可能有所降低。但如果遇到特殊地基，其他方法不能解决问题或虽能解决问题，但成本过高时，可以尝试该种方案。该问题需要进一步研究。

(3) 桩接头问题。设计时，如果需用多节桩，其接头处如果用浆锚式接头，与普通桩的差别不大，但如果该种方法在有些地方使用受到限制，此时不得不用焊接接头。所以，在接头处如果用焊接接头，由于焊接接头是桩的四角处，应当是没有问题的，但在铁箍通过槽口处时，对接头质量有无影响需要进一步研究。

(4) 对于饱和软黏土地区，当其他桩型解决不了承载力问题必须使用混凝土预制桩，且桩距较小时，或在沉桩过程中易使先沉桩产生偏位或倾斜时，或由于使用混凝土预制桩，在沉桩过程中对周围环境易产生破坏时，或虽可以使用其他方法，但不够经济时，应考虑使用预制自排水桩。在使用过程中，还需注意以下问题：①使用的黄砂粒径必须符合要求，其杂质含量不能太大，卵石的最大粒径不得大于5mm，本研究试验所用黄砂取自于预拌混凝土厂的洁净江砂，以保证黄砂在沉桩过程中的流动性和沉桩后的排水效果；②由于预制自排水桩是在预制钢筋混凝土方桩基础上改进的，断面形状有一定改变，这种改变对桩的动力特性有一定的影响。

因此,在桩身混凝土浇筑过程中,必须更加注意混凝土的密实度,以确保制桩质量;在脱模时,由于侧槽模板嵌在混凝土中,要采用合适方法,不要损坏桩身;在桩的起吊、运输等环节中,注意对桩的保护,不要有明显损坏和碰伤。

7.9　本章小结

(1) 理论计算表明,在使桩周土达到同样固结度的条件下,使用预制自排水桩比使用非自排水桩在时间上要快得多,本研究采用的算例计算结果是近 29 倍。室内试验结果表明预制自排水桩的孔隙水压力的消散速度是普通桩的 5.25~6.4 倍,而现场试验的结果表明,预制自排水桩的土体孔隙水压力消散速度与普通混凝土预制桩相比,比室内试验的结果还要大一倍左右,这就有力地说明,预制自排水桩可减少挤土效应,使预制桩沉桩过程中的桩偏位、倾斜的可能性大为减小。

(2) 与普通混凝土预制桩相比,预制自排水桩的桩身承载力有一定降低,但降低程度较小,而地基土对预制自排水桩的支承能力并没有减小,而混凝土预制桩的承载力往往由地基土对桩的支承能力所决定的,故可以认定,预制自排水桩的承载力并没有降低。工程中遇到饱和软黏土,且预制桩桩距又较小时,可以使用预制自排水桩。

(3) 理论和桩静荷载试验都表明,土对预制自排水桩的支承能力都不比对普通钢筋混凝土预制桩的支承能力低,设计时可直接按普通桩的方法计算。同时,在遇到饱和软黏土,且预制桩桩距又较小,在预制桩沉桩过程中容易产生桩偏位和倾斜情况时,可以使用预制自排水桩。计算过程中,基本是按规范所使用的理论和有关数据,与实际情况比较符合;同时,室内试验和现场试验均表明,在沉桩过程中,黄砂能够随桩一起沉入,桩侧黄砂能够充满侧槽,侧槽的黄砂能够起到类似于砂井、砂带井或塑料排水板的排水作用,说明该技术是成熟可靠的。

(4) 预制自排水桩对于加快土体超孔隙水压力的消散,减小挤土效应的作用与砂井、砂袋井和塑料排水板的作用是相同的,同时,根据试验,黄砂灌入也是较容易实施的,仅在制桩时模板稍加改进,沉桩时使用黄砂和漏斗即可。这种把混凝土预制方桩和设立竖向排水通道 (砂井、砂袋井或塑料排水板) 的使用两套施工机械,经过两个施工过程的做法变为只使用一套施工机械,经过一个施工过程,使施工工序大为简化,达到了提高施工速度,减少能源消耗,提高经济效益和社会效益的目的,应有一定的工程应用前景。

(5) 预制自排水桩比普通桩加砂桩节省至少 4 倍费用,所以,预制自排水桩具有很好的经济性,也具有一定的可行性。

第8章　静压桩的设计介绍

8.1　目　　的

前几章主要介绍了基于静压桩施工环境影响问题而开展的研究工作，本章把前几章的研究应用于实践，主要讨论静压桩的设计问题。做好静压桩的设计工作，可以从源头上做好静压桩施工环境问题的灾变控制，因此，这里有必要介绍静压桩的设计问题。

在静压桩的设计方面，目前尚没有全国性的静压桩设计规范，所以，在静压桩设计过程中，主要还是执行并非针对静压桩的国家现有桩基规范和地基基础设计规范，同时，也有一些地区已经制定了本地区的静压桩相关的技术规程，如广东、江苏等省份。总体来说，为更好地做好静压桩施工挤土效应等灾变控制工作，各地静压桩设计均亟须专业规范指导，这里仅从总体上对静压桩设计相关问题做基本介绍。

8.2　设 计 内 容

静压桩的设计内容包括：收集设计资料，选择桩型，桩身设计，选择桩端持力层，确定桩长，确定静压桩的承载力，确定桩距及布桩，设计承台等。其中后两项内容与打入桩相差不多，可参照有关桩基规范执行。

1. 桩型设计

静压桩一般为钢筋混凝土方桩，或预应力钢筋混凝土管桩 (包括高强管桩、薄壁管桩)，也有圆形、H 形或其他形状的钢桩。方桩截面边长一般多用 300~500mm。

预制桩本身强度较高，桩身强度一般不起控制作用，而是桩周土对桩的支撑起控制作用，所以地质情况对成桩的质量影响很大，设计时应充分考虑工程地质条件，选好桩型。

一般来说，当桩长较短，桩端持力层之上土层较软弱时，宜选用钢筋混凝土方桩；当桩长较大，或持力层之上的土层为较硬的砂土、粉土、粉质黏土时，或需要把桩压入较为坚硬的持力层一定深度时，适合采用管桩，特别是高强度钢筋混凝土管桩。

2. 桩身设计

(1) 桩节一般长度为 7~18m，单节桩太长了不便于运输和起吊；

(2) 桩的配筋率一般为 0.5%~1.2%，主筋直径通常不小于 14mm，混凝土强度等级不应低于 C30；

(3) 应验算桩在起吊过程中最大内力；

(4) 在正常使用条件下，计算的起吊应力作用时的最大裂缝宽度，应控制不大于 0.3mm，当地下水有腐蚀性时，应采用抗腐蚀的水泥和骨料。

桩的最不利受力状况一般是在沉桩施工终压力作用时，表 8-1 给出了常用方桩、管桩最大允许终压力，供参考。管桩按混凝土抗裂弯矩和极限弯矩的大小可分为 A、AB、B 和 C 4 种型号，其施加的有效预应力依次增大，桩的抗裂弯矩也随之提高，管桩的规格与技术性能见表 8-2。日本规范规定，A 型桩的有效预压应力为 3.92MPa(40kgf/cm²)，B 型为 7.85MPa(80kgf/cm²)，C 型为 9.80MPa(100kgf/cm²)。我国在 A 型和 B 型之间插上 AB 型，据计算，AB 型混凝土的有效预压应力为 5.88MPa(60kgf/cm²)，管桩有 4.0~5.0MPa 的有效预压应力，打桩时桩身混凝土一般就不会出现横向裂缝。所以，对于一般的建筑工程，选用 A 型或 AB 型桩就可以了。

表 8-1　常用方桩、管桩最大允许终压力　　　　　　　　　　　　　(单位：kN)

截面/mm		最大允许终压力		
		桩长小于 10m	桩长 10~20m	桩长大于 20m
350×350	C30	3000	2700	2400
	C35	3400	3000	2700
	C40	3900	3500	3100
400×400	C30	3800	3400	3000
	C35	4300	3800	3400
	C40	4900	4400	3900
500×500	C30	5700	5100	4500
	C35	6500	5800	5200
	C40	7400	6600	5900
PHC 300-A(壁厚 70mm)		2360	2100	1850
PHC 400-A(壁厚 95mm)		4200	3760	3300
PHC 500-A(壁厚 100mm)		5830	5200	4560
PHC 500-A(壁厚 125mm)		6890	6150	5400
PHC 600-A(壁厚 105mm)		7320	6500	5670

注：(1) 按本表取值，桩身质量 (包括混凝土强度等级、钢筋、截面尺寸等) 应符合国标图集规范要求，否则应适当乘以折减系数。

(2) 在规范规定必须考虑压弯影响的不利情况时，需另行计算稳定系数。

表 8-2 管桩的规格和技术性能

外径/mm	型号	壁厚/mm PC、PHC	长度 L/m	预应力钢筋 最小配筋面积/mm²	配筋	分布圆直径 D_p/mm	抗裂弯矩/(kN·m)	极限弯矩/(kN·m)	抗裂剪力/kN
300	A	70	7~11	240	6φ7.1	230	25	37	96
	AB			384	6φ9.0		30	50	111
	B			512	8φ9.0		34	62	124
	C			720	8φ10.7		39	79	136
400	A	95	7~12	400	10φ7.1/7φ9.0	308	54	81	173
	AB			640	10φ9.0/7φ10.7		64	106	200
	B		7~13	900	10φ10.7		74	132	224
	C			1170	13φ10.7		88	176	245
500	A	100	7~14	704	11φ9.0	406	103	155	239
	AB			990	11φ10.7		125	210	271
	B		7~15	1375	11φ12.6		147	265	302
	C			1625	13φ12.6		167	334	331
	A	125	7~14	768	12φ9.0		111	167	284
	AB			1080	12φ10.7		136	226	327
	B		7~15	1500	12φ12.6		160	285	364
	C			1875	15φ12.6		180	360	399
600	A	110	7~15	896	14φ9.0	506	167	250	316
	AB			1260	14φ10.7		206	346	362
	B			1750	14φ12.6		245	441	404
	C			2125	17φ12.6		285	569	443
	A	130	7~15	1024	16φ9.0		180	270	362
	AB			1440	16φ10.7		223	374	417
	B			2000	16φ12.6		265	477	465
	C			2500	20φ12.6		307	615	510
700	A	110	7~15	1080	12φ10.7	600	265	397	390
	AB			1536	24φ9.0		319	534	437
	B			2160	24φ10.7		373	671	481
	C			3000	24φ12.6		441	883	545
	A	130	7~15	1170	13φ10.7		275	413	435
	AB			1664	26φ9.0		332	556	498
	B			2340	26φ10.7		388	698	556
	C			3250	26φ12.6		459	918	610
800	A	110	7~30	1350	15φ10.7	700	392	589	468
	AB			1875	15φ12.6		471	771	520
	B			2700	30φ10.7		540	971	573
	C			3750	30φ12.6		638	1275	652
	A	130	7~30	1440	16φ10.7		408	612	526
	AB			2000	16φ12.6		484	811	584
	B			2880	32φ10.7		560	1010	648
	C			4000	32φ12.6		663	1326	725

外径 /mm	型号	壁厚/mm	长度 L /m	预应力钢筋			抗裂弯矩 /(kN·m)	极限弯矩 /(kN·m)	抗裂剪力 /kN
		PC、PHC		最小配筋面积 /mm²	配筋	分布圆直径 D_p/mm			
1000	A	130	7~30	2048	32φ9.0	880	736	1104	695
	AB			2880	32φ10.7		883	1457	774
	B			4000	32φ12.6		1030	1854	858
	C			4928	32φ14.0		1177	2354	1262
1200	A	150	7~30	2700	30φ10.7	1060	1177	1766	946
	AB			3750	30φ12.6		1412	2330	1056
	B			5625	45φ12.6		1668	3002	1175
	C			6930	45φ14.0		1962	3924	1334
1300	A	150	7~30	3000	24φ12.6	1160	1334	2000	1018
	AB			4320	48φ10.7		1670	2760	1149
	B			6000	48φ12.6		2060	3710	1302
	C			7392	48φ14.0		2190	4380	1408
1400	A	150	7~30	3125	25φ12.6	1260	1524	2286	1092
	AB			4500	50φ10.7		1940	3200	1236
	B			6250	50φ12.6		2324	4190	1385
	C			7700	50φ14.0		2530	5060	1511

　　预应力管桩尚应满足一定的构造要求。预应力管桩的桩尖形式有 3 种：十字形桩尖、圆锥形桩尖和开口形桩尖。十字形桩尖是在封口的桩端钢板下加焊一个十字形的钢板，而圆锥形桩尖是加焊向下的圆锥形的钢板，这两种桩尖均为封口式桩尖。其中圆锥形桩尖穿越硬土层的能力较强，且加工方便，价格便宜，工程中采用最多。

3. 桩长设计

1) 桩端持力层的选择

　　为了充分发挥静压预制桩的高强度的特性，通常不用纯摩擦桩，而是通过把桩压至较坚硬的持力层来获得较大的端承力，从而提高桩的总承载力。

　　静压桩总的沉桩阻力为

$$Q = Q_s + Q_p = u \sum l_i \cdot a_i \cdot f_{si} + \beta_i \cdot A_p \cdot q_c$$

式中，Q_s 为桩侧阻力 (kN)；Q_p 为桩端阻力 (kN)；u 为桩身周长 (m)；l_i 为在第 i 层土中桩段的长度 (m)；a_i 为第 i 层土桩侧阻力修正系数，与土的性质有关；f_{si} 为第 i 层土的双桥静力触探的侧壁摩阻力 (kPa)；q_c 为桩端土静力触探的探头阻力 (kPa)；β_i 为第 i 层桩端阻力修正系数；A_p 为桩端面积 (m²)。

桩要嵌入持力层一定的深度,同时桩端持力层要有一定的厚度,这一点从深基础的破坏模式可以得到说明。深基础滑动破坏面发生在桩底以上约 $6d$ 和桩底以下约 $2.5d$ 范围内,所以该范围内土层的性质对桩的承载力十分重要,要求是较为坚硬的土层。持力层之上最好是有较密实或坚硬的过渡土层,如果没有,即压入桩在通过软弱土层后直接到达坚硬的土层,软弱土层对桩的嵌固能力会不够,这时桩的承载力往往不大,故需要压入坚硬持力层内一定的深度。另一方面,桩端持力层也不能太薄,不然会被桩刺透。在桩端持力层土层厚度有限的条件下,两者会产生矛盾,此时应优先保证桩端以下持力层厚度。

按现行桩基规范,静压桩全截面进入持力层深度,对于黏性土、粉土不宜小于 $2d$,砂土不宜小于 $1.5d$,碎石土不宜小于 $1d$。当存在软弱下卧层时,桩端以下持力层厚度不宜小于 $4d$。静力压桩因能观察到压桩力,所以桩端进入持力层的深度比较容易判别。

2) 桩长的确定

确定桩长时要对静压桩穿透土层的能力,即沉桩可能性进行预测。最好根据压桩力曲线确定桩长,这样一方面能保证承载力,另一方面能保证桩端持力层厚度。

影响静压桩穿透土层能力的因素,主要取决于桩机的压桩力以及土层的物理力学性质、厚度及其层状变化等;同时也受桩截面规格大小、地下水位高低及终压前的稳压时间和稳压次数等的影响。可以根据不同地区静压桩贯穿土层的类别、性质,结合土层的标准贯入试验锤击数 N 和部分实测的压桩力曲线的特点,确定或预测桩长。具体有以下方法:

方法一:根据试压桩记录绘制的压桩力曲线,即压入阻力 P 随压入深度 Z 变化绘制的 $P–Z$ 曲线来预测桩长,这种方法非常直观,是其他类型的沉桩方法无法比拟的。

方法二:根据双桥静力触探的锥头阻力及锥侧摩阻力,或单桥静力触探的比贯入阻力随压入深度的变化曲线来预测桩长。

方法三:标准贯入试验法,一般在钻孔中应用,对于上部松散软土层,每层取一标贯值 N,下部硬塑土至强风化岩则每米取一标贯值,根据 $N–Z$ 曲线分析,来预测压入桩长。

方法四:重型动力触探法 (一般称圆锥动探法),一般最适用于砂土地层。采用连续击入,当连续出现 $6\sim8$ 个 $N_{63.5} > 50$ 击即可终孔,根据 $N_{63.5}–Z$ 曲线规律来预测压入桩长。

方法五:地质类比法,在无钻孔控制 (或两孔之间),或者无动力触探资料的地段,应该根据附近的地质情况进行详细的地层状况 (厚度变化及岩土的各物理力学指标) 的类比,从而推测该处的压入桩长。

4. 桩身承载力的确定

　　静压预制桩单桩竖向承载力的确定方法是基础工程设计和施工技术人员关心的问题之一，简单化的做法是将终压力除以安全系数 2 作为单桩竖向承载力的特征值。其实，前已述及，静压桩施工时的最终压力与静压桩单桩竖向承载力是两个不同的概念，这包含有时效性等复杂的问题。另一方面，最终压桩力作为广义极限承载力看待时，是零时刻的广义极限承载力。静力压桩的过程，实质上就是桩的动阻力试验过程。桩的贯入过程就是一种足尺的实际材料的原位触探试验过程。手工记录的或者是电脑检测仪所记录的压桩力曲线直观地反映了压桩深度范围内土层的力学性质，适当变换以后就可用来估算静压桩的承载力。

　　有些地区因为土质条件复杂多变，地质报告提供的比贯入阻力或端阻、侧阻曲线，有时不能很准确地表示压桩桩位的土层分层情况 (在工程中有时也进行补充勘探)。因此在采用单桩竖向承载力的经验公式中，桩身周边的分土层长度不一定很准确。而静力压桩机记录到的压桩力曲线实地记录了该点工程桩深度范围内各土层的力学性质，反映得实实在在，比用普通的经验公式可靠得多。

　　静压桩沉桩施工的终压力与桩的承载力是紧紧联系在一起的。而终压力在压桩施工中是一个重要的参数。

　　沉桩的终压值过小，将降低桩的竖向承载力而达不到设计要求；过大则必然会增大桩机配重，或采用大吨位压桩机，对施工现场场地承载力的要求也将提高。在新填土、耕植土及积水浸泡过的场地施工时容易发生陷机，从而造成桩位偏移，桩身垂直度难以控制，严重的甚至出现桩上、下节接头断裂，或桩上部被推挤而断桩。另外，压桩力过大还会对桩身造成微裂隙等损害，影响预制桩基础结构的耐久性。

　　从大量工程实践看，在一些桩周土为黏土、粉质黏土等固结系数较高的地区，静压桩最终获得的单桩极限承载力可比压桩时的终压力值高出许多 (有时 2 倍以上)，当然这种程度与土的性质、桩长、桩间距、固结时间等因素有关。而在砂层中沉桩时，由于砂层的渗透系数较大，沉桩产生的孔隙水压力迅速消散，压桩阻力不仅随桩端砂层的密实度不同而变化，而且在同一性质的砂层中，压桩阻力也随桩入土深度的增大而显著增大，这是因为桩端阻力与桩侧摩阻力的共同作用结果。当以砂层为持力层时，在终压力作用下，砂颗粒之间的咬合和摩擦作用提供的反作用力使桩处于动态平衡状态。卸载后一定时期内，砂粒之间会产生部分错动，颗粒重新排列，桩端阻力和桩侧摩阻力会有所降低，桩的极限承载力有可能比压桩的终压力略小。一般地基往往是黏性土层与砂土层相间的，所以桩的极限承载力与最终压桩力的关系是以上两种情况的组合。

　　按照现行的有关规范标准，单桩竖向极限承载力的检测，采用接近于竖向抗压桩的实际工作条件的试验方法。试验加载方法采用慢速维持荷载法，即逐级加载，每级荷载达到相对稳定后再加下一级荷载，直到试桩破坏 (普通试桩)，或到达设计极限承载力 (工程桩检验)，加在桩身上的每级荷载都要经历一定的时间 (2h 以上)，且须符合稳定标准后才能加下一级荷载，所以桩的极限承载力是对土体的相对稳定的长期抗力的检测，而目前广泛应用于工程的液压压桩机，由于受机械性能的影响，当沉桩压力上升到终压值后的很短时间，打桩机立即卸载，终压值不能维持，所以沉桩的终压值实际上反映的是土体对桩的短时间的抗力。

一个工程中桩的承载力除了试桩本身可以直接采用其试验值外，对于未试验的各桩的承载力，则应根据工程的重要性以及该桩的工作条件 (例如同一承台下的桩数的多少)，按具有一定可靠度的原则来确定。由于采用静力施压的预制桩在沉桩阶段实际上就是一个承载力的初步检验，比取少量几根桩进行试桩，并以试桩结果来评价整体工程桩的承载力的保证率 (可靠度) 显然要高。因此，对采用静压法沉桩的预制桩，如果终压力与承载力的关系选择得当，其承载力可靠度应属较高。

终止压桩的控制条件一般是以终压力控制为主、桩长控制为辅，各地区都有一些经验。如广东的一些地区通过对静压预制桩施工资料的统计分析，初步得出液压静力压桩机施工时的终压控制条件为：①对纯摩擦静压预制桩，终压时以设计桩长为控制条件；②对长度大于 21m 的端承摩擦型静压桩，终压控制条件是以设计桩长控制为主，终压力值作对照，但对一些设计承载力较高的工程，终压力值宜尽量接近或达到压桩机满载值；③对长度为 14~21m 的中长静压桩，应以终压力满载值为终压控制条件，视土质情况决定是否进行复压，若桩周土质条件较差且设计承载力较高时，宜复压 1~2 次为好；④对长度小于 14m 的短静压桩，终止控制条件除终压力值必须达满载以外，还必须满载连续多次复压，特别是长度小于 8m 的超短桩，连续满载复压的次数应适当增多。

5. 桩数和桩距的确定

静压桩是挤土桩，需要将原来的土层挤开才能把桩压入，这样，原来的土层除部分被压缩外，相当一部分不能被压缩 (如是饱和软土层)，这部分土就会在土质较弱的地方向上隆起。如果布桩过密，则整个桩基场地地面往往会出现被抬起现象，一般中部较大。据资料记载，有的隆起可超过 1m，在这种情况下，先压入的桩就有可能受后压入桩的影响而被抬起，从而形成所谓的 "吊脚桩" 或 "悬空桩"。所以规范从设计上规定挤土桩的桩数如果较多时，桩的最小中心距不能少于 3.0~3.5d，而穿越饱和软土时更大。因此，设计选好桩型后，应首先确定桩距，然后再按上部建筑传下来的荷载确定桩数及布桩方法，避免把桩布得过密而给压桩施工带来困难，甚至导致桩基出现质量问题。

布桩时，还应注意避开枯井、古墓及不良地质地段。

其余内容与普通桩相同，本书不再赘述。

8.3　静压桩设计的规定及释义

关于静压桩的设计，除了《建筑桩基技术规范》(JGJ 94—2008) 有所规定外，各地方标准规程对此也有规定，但是国内尚未有一本专门介绍静压桩设计的规范，广东省标准《静压预制混凝土桩基础技术规程》(DBJ/T 15-94—2013) 对静压桩设计作了专门规定，因此，这里主要依据该规程，介绍静压桩设计的相关规定，并做具体解释 [96-98]。

8.3.1　一般规定

根据建筑规模、功能特征、对差异变形的适应性、场地地基和建筑物体型的复杂性以及由于桩基问题可能造成建筑物破坏或影响正常使用的程度，将静压桩基础设计分为表 8-3 所列的三个设计等级。静压桩基础设计时，应根据表 8-3 确定设计等级。这里的设计等级是根据《建筑桩基技术规范》(JGJ 94—2008) 中 "建筑桩基设计等级" 再略作增添得到的。

表 8-3　静压桩基础设计等级

设计等级	建筑类型
甲级	(1) 重要的建筑； (2) 30 层以上或高度超过 100m 的高层建筑； (3) 体形复杂且层数相差超过 10 层的高低层 (含纯地下室) 连体建筑； (4) 20 层以上框架—核心筒结构及其他对差异沉降有特殊要求的建筑； (5) 场地和地基条件复杂的 7 层以上的一般建筑物及坡地、岸边建筑； (6) 对相邻既有工程影响较大的建筑； (7) 大跨度 (≥60m) 结构建筑
乙级	除甲级、丙级以外的建筑
丙级	场地和地基条件简单、荷载分布均匀的 7 层及 7 层以下的一般建筑

静压桩基础设计应具备的基本资料主要包括：①符合规定要求的岩土工程勘察报告；②建筑场地与环境条件，包括高压架空线及地下管线、地下构筑物的分布，可能受压桩影响的邻近建 (构) 筑物的安全等级、地基及基础情况，压桩机进退场及现场运行条件等；③建筑物上部结构类型及形式，荷载大小、分布及性质，生产工艺和设备对基础沉降及水平位移的要求；④建筑场地的总平面图、建筑物地下室或首层结构平面图；⑤抗震设防的有关资料；⑥可选用的静压桩规格和型号、单节桩长、接头形式及供应条件；⑦压桩设备性能及其对地质条件的适应性以及压边桩的能力。

静压桩基础应根据具体条件需要进行的计算和验算有：①应根据静压桩基础

的使用功能和受力特性分别进行桩基的竖向承载力计算和水平承载力计算；②应对桩身和承台结构承载力进行计算，还应按吊装、运输和喂桩作业时的受力情况进行桩身承载力验算；③当桩端平面以下存在软弱下卧层时，应进行下卧层承载力验算；④对位于坡地、岸边的静压桩基础，应进行整体稳定性验算；⑤对于抗拔的静压桩基础，应进行单桩和群桩的抗拔承载力计算；⑥对于抗震设防区的静压桩基础，应进行抗震承载力验算；⑦设计等级为甲级的非嵌岩桩和非深厚坚硬持力层的静压桩基础或设计等级为乙级的体形复杂、荷载分布明显不均匀或桩端平面以下存在软弱土层的静压桩基础，应进行沉降计算；⑧对受水平荷载较大，或对水平位移有严格限制的静压桩基础，应进行水平位移验算；⑨当使用条件要求限制混凝土裂缝时，尚应对静压桩基础进行抗裂或裂缝宽度验算。

静压桩基础设计时，所采用的作用效应组合及相应的抗力与变形限值应符合下列规定：

(1) 按单桩承载力确定桩数和布桩时，应采用传至承台底面的荷载效应的标准组合；相应的抗力应采用单桩承载力特征值。

(2) 计算荷载作用下的桩基沉降和水平位移时，应采用荷载效应的准永久组合，不应计入风荷载和地震作用，相应的限值应为桩基变形允许值。计算水平地震作用、风载作用下的桩基水平位移时，应采用水平地震作用、风载效应的标准组合。

(3) 验算坡地、岸边静压桩基础的整体稳定性时，应采用荷载效应的标准组合。

(4) 在计算静压桩基础承台内力、确定承台尺寸、配筋和验算静压桩桩身强度时，应采用传至承台表面的荷载效应的基本组合，采用相应的分项系数。相应的抗力应采用承载力设计值。当进行承台和桩身裂缝验算时，应分别采用荷载效应的标准组合和荷载效应的准永久组合。

在进行静压桩基础结构构件的截面承载力计算或验算时，可按下列规定确定相应的荷载效应基本组合设计值 S，取其不利者。

(1) 永久荷载与竖向可变荷载组合：

计算时已考虑组合值系数 (即活荷载折减)，取 $S = 1.35 S_k$。

计算时组合值系数取 1(即不考虑活荷载折减)，取 $S = 1.30 S_k$。

(2) 永久荷载与可变荷载 (包括竖向荷载、风、地震作用等) 组合，取 $S = 1.25 S_k$，并应满足 $S \leqslant R$，式中，R 为静压桩基础结构构件抗力的设计值 (kN)；S_k 为荷载效应的标准组合值 (kN)。

静压桩平面布置时，相邻桩的中心距应满足表 8-4 的要求，这样的布桩方法和要求有利于减少或防止压桩时引起相邻桩上浮或倾斜等危害，当然再大一点的中心距，对相邻桩的影响就更小，但太大的中心距又会增大承台的体积。有时由于地质条件的差异，或采用其他一些技术措施，相邻静压桩中心距不一定非达到 $4.0d(b)$ 或 $3.5d(b)$。所以，这里对相邻桩的中心距只是提出一些建议值，具体可根据实际情况进行选择，但最小中心距应明确限定为 $3.0d(b)$。

表 8-4　相邻桩中心距的要求

桩基情况	相邻桩中心距要求
独立承台内桩数超过 30 根；大面积群桩	不宜小于 $4.0d(b)$
独立承台内桩数超过 9 根，但不超过 30 根；	不宜小于 $3.5d(b)$
条形承台内桩排数超过 2 排	
其他情况	不得小于 $3.0d(b)$

注：(1) 相邻桩中心距指两根相邻桩截面中心点之间的距离；

(2) d 为管桩的外径，b 为方桩的边长；

(3) 当独立承台内桩数超过 9 根，或条形承台内桩排数超过 2 排，且桩周土为饱和黏性土时，相应桩的中心距宜比表中值增大 $0.5\ d(b)$；

(4) 当采用减少挤土效应的措施时，相邻桩的中心距可比表中值适当减少，但不得小于 $3.0d(b)$。

采用多桩或群桩时，宜使桩群承载力合力点与其上构件竖向永久荷载作用的合力中心相重合，并使基桩在承受水平力和弯矩方向有较大的抵抗矩；对于桩箱基础、剪力墙结构桩筏（含平板和梁板式承台）基础，宜将桩布置在墙下；同一结构单元宜避免同时采用摩擦桩和端承桩以及同时采用浅基础和静压桩基础，主要原因是两者的差异沉降不容易控制。当受条件限制不得不采用时，应采取可靠措施，控制好沉降差异量，并估算所产生的差异沉降对上部结构的影响，必要时应有相应的加强措施。

静压桩用作摩擦型桩时，其长径比不宜大于 100；用作端承型桩时，其长径比不宜大于 60。当静压桩穿越厚度较大的淤泥等软弱土层或可液化土层时，应考虑桩身的稳定性及对承载力的影响。

静压桩基础宜用于覆盖层易压穿、桩端持力层为硬塑-坚硬黏性土层，中密-密实碎石土、砂土、粉土层，全风化岩层，强风化岩层的地质条件。桩端全断面进入持力层的深度，对于黏性土、粉土、全风化岩等，不宜小于 $2d(b)$，砂土不宜小于 $1.5d(b)$，卵石类土、碎石类土、强风化岩等，不宜小于 $1.0d(b)$。

单桩承台应沿两个主轴方向设置基础联系梁；双桩承台应至少在短轴方向设置基础联系梁。在满足相邻桩中心距要求的前提下，单个承台下多桩及群桩基础总的承载力特征值可视为各单桩承载力特征值之和。基础混凝土结构的耐久性设计应符合《混凝土结构设计规范》(GB 50010—2010) 中的有关规定。承台和基础联系梁的混凝土强度等级不得低于 C25。静压桩基础承台设计应符合有关承台计算及构造要求的规定。

当施工场地表土层承载力特征值 $\leqslant$100kPa，或勘察报告中提出静压桩施工出现陷机可能性的评估结论而其他条件适用静压桩时，应对场地进行加固处理并提出具体的处理意见。静压桩施工时发生陷机，对已压下去的桩基危害性很大，不仅施工无法正常进行，还会推动桩基移位，严重时会将附近的桩基推斜折断。切忌为了节约场地处理费，抱着侥幸心理，这样结果更严重，补救的费用远远大于场地处理费。因此，当有陷机的可能性时，应对施工现场作出加固处理意见，常用的方法就是填土，即在场地上推放 60~80cm 厚的砂土或建筑垃圾土，也有采用井点降水、换土、碾压等方法。

8.3.2　静压桩的种类、连接及选用

1. 静压的种类

静压桩的种类可分为静压方桩和静压管桩。方桩可分为实心方桩和空心方桩，还有预应力和非预应力之别。其中，静压方桩应符合行业标准《预制钢筋混凝土方桩》(JC 934—2004) 的有关规定。其构造设计可参照国家建筑标准设计图集《预制钢筋混凝土方桩》(04G361) 中的有关内容，但静压方桩的配筋率、保护层厚度、混凝土强度等级以及接头的抗弯性能应符合规定要求。建筑工程中常用静压方桩的边长为 300mm、350mm 和 400mm。

静压管桩的规格、型号和构造应与锤击管桩一致，其目的是统一标准，保证质量，便于应用。管桩应符合国家标准《先张法预应力混凝土管桩》(GB 13476—2009) 的有关规定。静压管桩的结构构造和桩身质量要求尚应符合本规程附录 1 的要求。管桩按混凝土强度等级分为预应力混凝土管桩 (代号：PC) 和预应力高强混凝土管桩 (代号：PHC)。PC 桩的混凝土强度等级不得低于 C60，PHC 桩的混凝土强度等级不得低于 C80。建筑工程中常用静压管桩的外径为 300mm、400mm、500mm 和 600mm。

2. 静压桩的连接

静压方桩基础的接头应符合以下规定：①每根桩的接头数量不宜超过 3 个；②接头应采用焊接法，不得采用硫磺胶泥锚接法；③焊接接头宜采用水平焊缝的构造形式，可参照国家建筑标准设计图集《预制钢筋混凝土方桩》(04G361) 中的相关形式进行设计；④接头处的极限弯矩应大于桩身的极限弯矩。

静压管桩基础的接头应符合以下规定：①每根桩的接头数量不宜超过 3 个；②接头处的极限弯矩应大于桩身的极限弯矩；③当采用电焊接头连接时，应符合焊接要求，当采用机械啮合接头连接时，也应符合相关规定。其中，机械啮合接头适用于 $\phi300$、$\phi400$、$\phi500$ 和 $\phi600$ 的 A 型和 AB 型管桩，尚不适用 B 型和 C 型管桩，因为管桩接头的极限弯矩应大于桩身的极限弯矩，B 型或 C 型桩的桩身极限弯矩较大，接头处的连接盒数量就要多几个，无法埋下。另外，连接销、连接板、弹簧和连接盒的材料、尺寸及制作要求也应符合规定。

静压管桩基础遇到以下几种情况时宜采用机械啮合接头，主要包括：①地下水

或地基土对管桩有弱腐蚀或中腐蚀作用时；②基桩为抗拔桩时；③当桩数较多较密集、挤土效应较大时；④在环境温度低于 0℃或长期风雨天作业时。

抗拔管桩的接头宜采用机械啮合接头，因为电焊接头施工的人工因素较多，电焊质量波动较大，而机械啮合接头人为因素较少，自动化程度较高，质量容易得到保证，所以，优先推荐采用机械啮合接头。抗拔管桩若采用电焊焊接时，焊缝坡口应严格按规定的坡口尺寸 $(w \times l_a)$ 进行制作，焊缝应连续饱满。

静压桩应根据工程地质等条件选择合适的桩尖。静压管桩基础必须设置桩尖。桩尖宜用钢板制作，钢板性能应符合国家标准《优质碳素结构钢技术条件》(GB/T699—1988) 或《碳素结构钢》(GB/T700—2006) 的有关规定，材质应采用 Q235B；桩尖制作应符合行业标准《建筑钢结构焊接技术规程》(JGJ 81—2002) 的有关规定；静压方桩的桩尖可将主筋合拢焊在桩尖中心的辅助钢筋上；在密实砂层和碎石类土中及强风化岩层中，可在桩尖处外包钢板桩靴；带桩靴的桩尖构造可参照国家建筑标准设计图集《预制钢筋混凝土方桩》(04G361) 中的有关内容；常用静压管桩宜选用封口型桩尖。

静压方桩与承台连接时，桩顶嵌入承台深度宜取 50~100mm，伸入承台内的纵向受力钢筋应符合以下规定，即对于抗压桩，应将桩本身的纵向受力钢筋全部锚入承台内，锚固长度不宜小于 35 倍纵向受力钢筋直径；对于抗拔桩，应将桩本身的纵向受力钢筋全部锚入承台内，锚固长度不得小于 45 倍纵向受力钢筋直径。

静压管桩与承台连接时，应采用桩顶填芯混凝土中埋设连接钢筋的连接方式，桩顶嵌入承台内的长度宜取 50~100mm，不仅如此，填芯混凝土应是补偿收缩混凝土，其强度等级不得低于 C30；填芯混凝土深度：承压桩不得小于 $2d$ 且不得小于 1.2m；抗拔桩应按相关规定计算确定，且不得小于 2.0m；连接钢筋数量不宜少于 4 根，埋入填芯混凝土部分的箍筋应为 $\phi6@200$(4 根连接钢筋) 或 $\phi8@200$(多于 4 根连接钢筋)；埋入桩顶填芯混凝土中的连接钢筋长度应与桩顶填芯混凝土深度相同；承压桩的连接钢筋数量和规格，可采用 4×14($\phi300$ 桩)、4×16($\phi400$ 桩)、4×20($\phi500$ 桩) 和 4×25($\phi600$ 桩)；对于承压桩，连接钢筋锚入承台内的长度不宜小于 35 倍连接钢筋直径，抗拔桩不得小于 45 倍连接钢筋直径。

抗拔管桩的桩顶填芯混凝土深度和连接钢筋总公称截面面积应按下列公式计算：

$$L_a \geqslant \frac{Q_t}{f_n \cdot U_{pn}}$$

$$A_s \geqslant \frac{Q_t}{f_y}$$

式中，L_a 为桩顶填芯混凝土深度 (mm)，不应少于 2.0m；A_s 为连接钢筋总公称截面面积 (mm²)；Q_t 为相应于荷载效应基本组合时的单桩竖向拔力设计值 (N)；f_n

为填芯混凝土与管桩内壁的黏结强度设计值，宜由现场试验确定，当缺乏试验资料时，C30 的补偿收缩混凝土 f_n 可取 $0.30\sim0.35\mathrm{N/mm^2}$；$U_{pn}$ 为管桩内孔圆周长 (mm)；f_y 为钢筋的抗拉强度设计值 (N/mm)。

3. 静压桩的选用

静压方桩的选用应考虑工程的具体情况，其中，抗震设防烈度小于 7 度地区可选用 A、B、C 型方桩，7、8 度地区应选用 B、C 型方桩，且所选桩型的各项力学指标应满足桩基的设计要求和有关规范的规定；非预应力的静压方桩不宜用作抗拔桩。

静压管桩选用的原则主要有三点：

(1) 用于抗震设防烈度 8 度地区的管桩基础工程，或设计等级为甲级的以及工程地质条件较复杂的设计等级为乙级的管桩基础工程，宜选用 AB 型或 B 型、C 型管桩，且所选桩型的各项力学指标应满足桩基的设计要求和有关规范的规定；设计等级为甲级的管桩基础工程，不得选用 $\phi300$ 管桩。

(2) 在地下水或地基土对混凝土、钢筋和钢零部件有弱腐蚀或中腐蚀环境下应用的管桩基础工程，应选用 AB 型或 B 型、C 型且桩身合缝和端头处不得有修补痕迹的管桩，不得选用 $\phi300$ 管桩，同时应根据不同的腐蚀性等级采用相应的防腐蚀措施。

(3) 抗拔桩宜选用 AB 型或 B 型、C 型管桩。抗拔管桩宜在每节桩的两端桩头处设置锚固筋，宜适当加厚端板。锚固筋与端板的连接应采用塞焊加角焊，选择合适的管桩接头类型；$\phi300$ 管桩不宜选作抗拔桩。

在地下水或地基土对静压桩的混凝土、钢筋和钢零部件有腐蚀作用的环境下应用静压桩时，其防腐蚀措施主要有以下几点：

(1) 用于弱腐蚀或中腐蚀环境下的静压桩，其钢筋的保护层厚度不应小于40mm，静压管桩的桩尖应采用封口型。

(2) 在强腐蚀的环境下，不宜采用静压桩。当必须选用静压桩时，应经试验论证，并采取可靠措施，确能满足防腐蚀要求时方可使用。

(3) 桩身应减少接头数量，宜采用单节桩。若需要接桩时，接头宜设置在微腐蚀土层中，不得设置在干湿交替的环境中。

(4) 在中腐蚀的环境下，静压管桩的接头宜采用机械啮合接头，连接销、连接盒内应涂上或注入沥青涂料；焊缝坡口应焊满封闭；桩孔底部应灌注高度为 $1.5\sim2.0\mathrm{m}$ 的 C30 细石混凝土，必要时可将管桩内孔全部灌满。

(5) 在硫酸盐的中腐蚀环境下应用的静压桩，桩身混凝土应采用抗硫酸盐水泥，或应掺加矿物掺合料。在氯离子的中腐蚀环境下应用的静压桩，应掺加钢筋阻锈剂 (但不得采用亚盐酸类的阻锈剂) 和矿物掺合料。当有多类介质同时作用时，应分别满足各自的防护要求, 但相同的防护措施不叠加。

8.3.3　桩基计算

1. 单桩桩顶作用力的计算

桩基础设计中沿用已久的单桩桩顶作用力的计算公式, 作了三点假定: ①承台是绝对刚性, 即受弯矩作用时呈平面转动, 不产生挠曲; ②桩与承台为铰接, 只传递轴力和水平力, 不传递弯矩; ③同一承台中各桩的刚度 (竖向或水平) 相等。这样, 大大简化了计算。

对于一般建筑物和受水平力较小的高大建筑物且桩径相同的多桩或群桩基础, 单桩桩顶作用力应按下列公式计算。

1) 竖向力作用下

轴心竖向力作用时

$$Q_k = \frac{F_k + G_k}{n}$$

偏心竖向力作用时

$$Q_{ik} = \frac{F_k + G_k}{n} \pm \frac{M_{xk} y_i}{\sum y_i^2} \pm \frac{M_{yk} x_i}{\sum x_i^2}$$

2) 水平力作用下

$$H_{ik} = \frac{H_k}{n}$$

式中, F_k 为相应于荷载效应标准组合时, 作用于桩基承台顶面的竖向力 (kN); G_k 为桩基承台和承台上土自重标准值 (kN), 对地下水位以下部分应扣除水的浮力; n 为同一桩基承台中的桩数; Q_k 为相应于荷载效应标准组合时的轴心竖向力作用下任一根桩所承受的竖向力 (kN); Q_{ik} 为相应于荷载效应标准组合时的偏心竖向力作用下第 i 根桩所承受的竖向力 (kN); M_{xk} 为相应于荷载效应标准组合时作用于承台底面通过群桩形心的 x 轴的弯矩 (kN·m); M_{yk} 为相应于荷载效应标准组合时作用于承台底面通过群桩形心的 y 轴的弯矩 (kN·m); x_i 为第 i 根桩至群桩形心 y 轴线的距离 (m); y_i 为第 i 根桩至群桩形心 x 轴线的距离 (m); H_k 为相应于荷载效应标准组合时, 作用于承台底面的水平力 (kN); H_{ik} 为相应于荷载效应标准组合时, 作用于第 i 根桩桩顶的水平力 (kN)。

2. 单桩竖向抗压承载力的计算

单桩竖向抗压承载力应按下列设计表达式计算。

1) 不考虑地震作用效应组合的标准值

轴心竖向力作用时

$$Q_k \leqslant R_a$$

偏心竖向力作用时，除应满足上式外，尚应满足：

$$Q_{ik\,\max} \leqslant 1.2R_a$$

2) 考虑地震作用效应组合的标准值

轴心竖向力作用时

$$Q_k \leqslant 1.25R_a$$

偏心竖向力作用时，除应满足上式外，尚应满足：

$$Q_{ik\,\max} \leqslant 1.5R_a$$

式中，R_a 为单桩竖向抗压承载力特征值 (kN)；$Q_{ik\,\max}$ 为相应于荷载效应标准组合时的偏心竖向力作用下单桩所承受的最大竖向力 (kN)。

3. 单桩竖向抗压承载力特征值的确定

静压桩单桩竖向抗压承载力特征值的确定方法主要有以下几种：

(1) 静载荷试验方法。当静压桩桩基设计等级为甲级且地质条件较复杂时；或当地使用静压桩的历史较短、设计经验不足时；或静压桩的有效桩长较短时，单桩竖向抗压承载力特征值应在设计阶段通过静载试验桩确定。选择静载试验桩的位置应考虑工程地质条件的代表性和基础部位的重要性。静载试验桩数不得少于 3 根。

(2) 在正式施工前通过试压桩配合复压法确定。当工程位于应用静压桩多年且设计经验较丰富的地区时，单桩竖向抗压承载力特征值可利用工程桩在正式施工前进行的试压桩配合复压法确定。除持力层为易软化的风化岩及砂土层的基桩外，试压桩完成 24h 后进行复压所测得的桩身起动时的压力值可作为该桩单桩竖向抗压极限承载力的参考值，有条件时可用高应变动测法加以验证。

(3) 根据地基土的物理指标与承载力参数之间的经验关系来估算单桩竖向抗压承载力特征值。当根据土的物理指标与承载力参数之间的经验关系确定单桩竖向抗压承载力特征值 R_a 时，在确保规定要求的终压力值的前提下，可按下列公式估算：

$$R_a = U_p\Sigma q_{sia}l_i + \xi_p q_{pa}A_p$$

式中，U_p 为静压桩桩身外周长 (m)；q_{sia} 为静压桩第 i 层土 (岩) 的侧摩阻力特征值 (kPa)；l_i 为静压桩穿越第 i 层土 (岩) 的厚度 (m)；q_{pa} 为静压桩的端阻力特征值 (kPa)；A_p 为桩端圆外围面积 (m²)，当为开口型桩尖时，仍按封口型桩尖的桩端圆外围面积计算；ξ_p 为静压桩端阻力修正系数：当入土桩长 $L \geqslant 16$m 时取 1.0，当 9m$\leqslant L < 16$m 时取 $1.10 \sim 1.30$；当 $L < 9$m 时宜通过试压桩试验确定。

(4) 通过复压方式来确定长细比较大的以桩长控制的静压桩的单桩竖向抗压承载力特征值。当需要确定以桩长控制的静压桩单桩竖向抗压承载力特征值时，或单桩竖向抗压承载力特征值已设定而需要选定合理的桩长时，可通过同一区域内不同配桩长度的试压桩经停歇 24h 后再进行复压所得的结果加以综合分析确定。

4. 桩身抗压承载力的验算

除按地基岩土条件确定静压桩的竖向抗压承载力特征值外，桩身混凝土强度应满足桩的抗压承载力设计要求。对于轴向受压的静压桩，当不考虑桩身构造配筋的作用时，应符合下列规定：

$$Q \leqslant R_p$$

式中，Q 为相应于荷载效应基本组合时的单桩竖向力设计值 (kN)；R_p 为桩身竖向抗压承载力设计值 (kN)。

此外，静压桩桩身结构竖向抗压承载力设计值可按下列公式计算：

$$R_p = \psi_c f_c A$$

式中，R_p 为静压桩桩身竖向抗压承载力设计值 (N)；ψ_c 为成桩工艺系数，预制钢筋混凝土实心桩取 $\psi_c=0.75$，空心方桩取 $\psi_c=0.70$，PHC 桩取 $\psi_c=0.70$，PC 桩取 $\psi_c=0.75$；f_c 为静压桩混凝土轴心抗压强度设计值 (N/mm²)，应按国家标准《混凝土结构设计规范》(GB 50010—2010) 取值。对 C80 混凝土，取 $f_c=35.9$N/mm²；A 为静压桩截面面积 (mm²)。

5. 单桩抗拔承载力

承受竖向拔力的静压桩基础，应按下式验算单桩的抗拔承载力：

$$Q_{tk} \leqslant R_{ta}$$

式中，Q_{tk} 为相应于荷载效应标准组合时，作用于单桩桩顶的竖向拔力 (kN)；R_{ta} 为单桩竖向抗拔承载力特征值 (kN)。

静压桩单桩竖向抗拔承载力特征值的确定方法有：

(1) 单桩竖向抗拔承载力特征值宜通过现场竖向抗拔静载荷试验确定。选择试验桩的位置应考虑工程地质条件的代表性和基础受力部位的重要性。试验桩数量不得少于 3 根。从压桩完成至开始试验的间歇时间：砂土中不得少于 7d；黏性土中不宜少于 25d。

(2) 当根据土的物理指标与承载力参数之间的经验关系确定单桩竖向抗拔承载力特征值 R_{ta} 时，可按下列公式估算：

$$R_{ta} = U_p \sum \lambda_i \cdot q_{sia} l_i + 0.9 G_p$$

式中，U_p 为静压桩桩身外周长 (m)；λ_i 为抗拔摩阻力折减系数，如无试验数据时可按表 8-5 的经验值取用；q_{sia} 为静压桩第 i 层土 (岩) 的侧摩阻力特征值 (kPa)；l_i 为静压桩穿越第 i 层土 (岩) 的厚度 (m)；G_p 为静压桩自重 (kN)，对抗浮设防水位以下部分应扣除水的浮力。

表 8-5　抗拔摩阻力折减系数 λ_i

土 (岩) 的类别	λ_i
强风化岩、花岗岩残积土	0.50~0.70
砂土	0.50~0.70
黏性土、粉土	0.70~0.80

注：桩的长径比小于 20 时，λ_i 取较小值。

抗拔静压桩宜选用预应力管桩。抗拔静压管桩基础的单桩竖向抗拔承载力还应满足下式要求：

$$Q_t \leqslant \sigma_{pc} A$$

式中，Q_t 为相应于荷载效应基本组合时的单桩竖向拔力设计值 (kN)；σ_{pc} 为管桩混凝土的有效预压应力值 (kPa)；A 为管桩截面面积 (m^2)。

上式中，管桩混凝土有效预压应力值可按国家标准《先张法预应力混凝土管桩》(GB 13476—2009) 附录 D 的有关计算方法进行计算，也可按下列经验公式估算：

$$\sigma_{pc} = 0.56 n A_a F_{ptk} / A \approx 800 n A_a / A$$

式中，σ_{pc} 为管桩混凝土有效预压应力值 (N/mm^2)；n 为预应力钢筋数量；A_a 为单根预应力钢筋的公称截面面积 (mm^2)；F_{ptk} 为预应力钢筋的抗拉强度标准值 (N/mm^2)，取 1420N/mm^2；A 为管桩截面面积，按管桩直径和壁厚的理论面积计算 (mm^2)。

6. 单桩水平承载力

承受水平力的静压桩基础，其单桩的水平承载力应符合下列规定：

$$H_{ik} \leqslant R_{ha}$$

当验算与地震作用效应组合的静压桩基础水平承载力时，应满足下列要求：

$$H_{ik} \leqslant 1.25 R_{ha}$$

式中，H_{ik} 为相应于荷载效应标准组合时，作用于第 i 根桩桩顶的水平力 (kN)；R_{ha} 为单桩水平承载力特征值 (kN)。

静压桩基础的单桩水平承载力特征值与静压桩的规格型号、桩周土质条件、桩顶水平位移允许值和桩顶嵌固情况等因素有关，宜通过现场单桩水平荷载试验确定。满足桩最小中心距的同一承台中的多桩或群桩的水平承载力特征值可视为各单桩水平承载力特征值之和。

当桩的水平承载力由水平位移控制，且缺少单桩水平荷载试验资料时，静压桩单桩水平承载力特征值 R_{ha} 可按下列公式估算：

$$R_{ha} = 0.75 \frac{\alpha^3 EI}{\nu_x} \chi_{oa}$$

式中，EI 为桩身抗弯刚度 (kN·m²)，$EI=0.85E_c I_0$，其中 E_c 为桩身混凝土弹性模量，I_0 为桩身换算截面惯性矩：方桩的 $I_0=W_0 b_0/2$，$W_0 = \frac{b}{6}[b^2 + 2(\alpha_E - 1)\rho_g b_0^2]$，$b$ 为方桩边长，b_0 为方桩边长 b 扣除两倍保护层厚度的宽度，α_E 为钢筋弹性模量与混凝土弹性模量的比值；ρ_g 为桩身配筋率；管桩的 $I_0 = \frac{1}{2}W_0 d$，d 为管桩的外径，W_0 为桩身换算截面受拉边缘的截面模量，$W_0 = \frac{\pi d}{32}\left[d^2 + 2(\alpha_E - 1)d_0^2 \rho_g \frac{d^2 - d_1^2}{d^2}\right] - \frac{\pi d_1^4}{32 d}$，$d_0$ 为管桩预应力钢筋分布圆的直径，d_1 为管桩的内径，α_E 为预应力钢筋弹性模量与混凝土弹性模量的比值，ρ_g 为管桩的配筋率，$\rho_g = \frac{A_g}{\pi(d^2 - d_1^2)/4}$，其中 A_g 为预应力钢筋的总公称截面面积；χ_{oa} 为静压桩桩顶允许水平位移 (m)；ν_x 为静压桩桩顶水平位移系数；α 为静压桩的水平变形系数 (m⁻¹)。

当静压桩桩身仅承受弯矩作用时，应符合下列规定：

$$M \leqslant R_m$$

式中，M 为相应于荷载效应基本组合时的单桩弯矩设计值 (kN·m)；R_m 为桩身的抗弯承载力设计值 (kN·m)；静压方桩宜通过试验确定。

7. 桩侧负摩擦力

当静压桩桩周土体自重固结或受地面大面积堆载影响而产生大于桩的沉降时，应考虑由此引起的桩侧负摩擦力对桩抗压承载力的影响。当缺乏经验及实测资料、没有相似条件下的工程类比经验作参考时，桩侧负摩擦力可按照《建筑桩基技术规范》(JGJ 94—2008) 的有关规定进行估算。

8. 桩基沉降验算

静压桩基础的沉降不得超过建筑物的沉降允许值。当有可靠地区经验时，对地质条件不复杂、荷载均匀、对沉降无特殊要求的静压桩基础可不进行沉降验算。但满足下列条件之一的静压桩基础应进行沉降验算：

(1) 设计等级为甲级的静压桩基础；

(2) 体形复杂、荷载不均匀或桩端以下存在软弱土层的设计等级为乙级的静压桩基础；

(3) 以桩长控制的静压桩基础。

静压桩基础的沉降量估算方法及建筑物的沉降允许值可按《建筑桩基技术规范》(JGJ 94—2008) 的有关规定执行。

另外，当静压桩基础的桩端持力层为强风化、全风化泥岩或其他易软化或崩解的风化岩 (土) 层时，设计应注意下列问题：

(1) 单桩承载力取值问题：单桩竖向抗压承载力特征值应比常规情况下降低 20%～30%，甚至更低；入土深度较短的桩，单桩承载力特征值宜通过试验桩确定；

(2) 桩尖的密封性问题：静压桩应采用封口型桩尖，焊缝应连续饱满不渗水，且宜在施压过程中往桩孔底灌注高度为 1.5～2.0m 的 C30 细石混凝土；

(3) 送桩深度问题：不宜超过 1.0m。

参 考 文 献

[1] 龚晓南. 桩基工程手册 [M]. 2 版. 北京: 中国建筑工业出版社, 2016.

[2] 鹿群. 成层地基中静压桩挤土效应及防治措施 [D]. 杭州: 浙江大学, 2004.

[3] 孙世光. 群桩沉桩挤土效应分析 [D]. 天津: 天津城市建设学院, 2007.

[4] 史佩栋. 桩基工程手册 [M]. 北京: 人民交通出版社, 2008.

[5] 史佩栋. 桩基工程手册 [M]. 2 版. 北京: 人民交通出版社, 2015.

[6] 住房和城乡建设部. 建筑桩基技术规范 (JGJ 94—2008)[S]. 北京: 中国标准出版社, 2008.

[7] 王敏, 虞青. 从工程事故看静压管桩对周边建筑物的影响 [J]. 山西建筑, 2009, (8): 121-122.

[8] 陶红雨, 袁志明. 关于挤土桩施工中对周围建 (构) 筑物影响的保护措施 [J]. 工程质量, 2006, (2): 32-34.

[9] 吴庆润. 挤土桩对周边环境影响预测的实践和分析 [J]. 上海铁道科技, 2003, (1): 37-39.

[10] 杨成明, 潘星. 挤土桩对周围环境的影响及防治对策 [J]. 工程与建设, 2007, 6(49): 37-38.

[11] 林金错. 静压桩施工对周边建筑影响的控制措施 [J]. 福建建设科技, 2006, (4): 37-38.

[12] 杨龙才, 周顺华, 孟晓红. 软土地层挤土桩施工对地下管线的影响与保护 [J]. 地下空间, 2003, 23(4): 366-369.

[13] 陈挺杉. 新建道路对邻近建筑的沉降影响及加固处理 [J]. 福建建筑, 2004, (3): 47-48.

[14] 姚道平, 张艺峰, 叶友权, 等. 静压桩施工振动对环境的影响与防治措施 [J]. 地下空间与工程学报, 2013, 9(S1): 1739-1743.

[15] 王浩, 魏道垛. 表面约束下的沉桩挤土效应数值模拟研究 [J]. 岩土力学, 2002, 23(1): 107-110.

[16] 陈军, 杜守继, 沈水龙, 等. 静压桩挤土对既有隧道的影响及施工措施研究 [J]. 土木工程学报, 2011, 44(S2): 81-84.

[17] 吕全乐, 鹿群, 郭少龙. 静压单桩施工对道路影响的数值模拟研究 [J]. 广西大学学报 (自然科学版), 2013, 38(1): 182-187.

[18] 杨明虎. 静压桩施工对临近客运专线影响研究 [D]. 北京: 北京交通大学, 2013.

[19] 郭旸. 静压桩基施工对邻近地下工程结构的影响 [D]. 武汉: 武汉理工大学, 2013.

[20] 蒋辉, 路平. ALE 法分析挤土桩对既有隧道变形的影响 [J]. 低温建筑技术, 2013, (3): 94-96.

[21] 吴春武. 静压桩施工对邻近高速铁路路基及桥梁影响研究 [D]. 北京: 北京交通大学, 2014.

[22] 秦世伟, 周艳坤, 莫泷. 静压桩沉桩施工对临近隧道的影响 [J]. 上海大学学报 (自然科学版), 2013, 19(5): 527-533.

[23] 饶平平, 李镜培, 詹乐. 邻近斜坡沉桩挤土效应颗粒流数值模拟 [J]. 水资源与水工程学报, 2013, 24(4): 1-5.

[24] 饶平平, 李镜培, 崔纪飞. 邻近斜坡静压沉桩挤土效应试验 [J]. 中国公路学报, 2014, 27(3): 25-31.

[25] 张磊, 高永涛, 吴顺川. 静压桩挤土效应对管道的影响研究 [J]. 路基工程, 2014, (5): 40-43.

[26] 解廷伟, 左殿军, 王绪锋, 等. 静压桩沉桩过程中地下排污管的动态响应数值分析 [J]. 水利学报, 2015, 6(S1): 168-172.

[27] 陈晓平. 软粘土中沉桩挤土对临近基坑的影响研究 [D]. 杭州: 浙江工业大学, 2015.

[28] 陆庆华. 中心城区预制桩沉桩对环境影响的控制方法研究 [J]. 建筑施工, 2008, 30(9): 756-757.

[29] 高岭. 大规模打桩挤土对地下埋管的影响与防护初探 [J]. 电力勘测设计, 2006, (1): 72-76.

[30] 张磊. 静压桩的挤土效应分析及在某软土地基中的应用 [J]. 内江科技, 2011, 32(5): 128-129.

[31] 李富荣, 王照宇. 沉桩挤土效应对工程环境的影响及研究综述 [J]. 水利与建筑工程学报, 2011, 9(2): 31-35.

[32] 张明义. 静力压入桩的研究与应用 [M]. 北京: 中国建材工业出版社, 2004.

[33] Seed H B, Reese L C. The action of soft clay along fricton piles[J]. Trans. ASCE, 1957, 122: 731-754.

[34] Eide O, Hutchinson J N, Landva A. Short and long term test loading of a friction pile in clay[C]. Proc. 5th Int. Conf. on Soil Mech. and Found. Eng. , Paris, 1961.

[35] 陈海丰. 考虑沉桩挤土效应的单桩极限承载力研究 [D]. 南京: 河海大学, 2005.

[36] 张素情. 预应力管桩及挤土效应研究 [D]. 武汉: 武汉大学, 2005.

[37] Baligh M M. Strain path method[J]. Journal of Geotechnical Engineering, ASCE, 1985, 111(9): 1108-1136.

[38] Poulos H G. Effect of pile driving on adjacent piles in clay[J]. Canadian Geotechnical Journal, 1994, 31: 856-867.

[39] Mayerhof G G. The ultimate bearing capacity of wedge-shaped foundations[C]. Proc. 5th Int. Conf. Soil Mech. II, 1961: 105-109.

[40] Koumoto T, Kaku K. Three dimensional analysis of static cone penetration into clay[C]. Proc. 2nd Europe Symp Penetration Test, l982: 635-640.

[41] 张明义, 邓安福. 桩–土滑动摩擦的试验研究 [J]. 岩土力学, 2002, 23(2): 246-249.

[42] 肖俊华, 袁聚云, 赵锡宏. 桩基负摩擦力的试验模拟和计算应用 [M]. 北京: 科学出版社, 2009.

[43] Clough G W, Duncan J M. Finite element analysis of retaining wall behavior[J]. Journal of Soil Mechanics and Foundation Engineering Division, ASCE, 1971, 97(SM12): 1657-1674.

[44] Brandt J R T. Behavior of Soil-concrete Interface[M]. Edmonton, Alberta, Canada: University of Alberta, 1985.

[45] 陈慧远. 摩擦接触单元及其分析方法 [J]. 水利学报, 1985, (4): 44-50.

[46] 钱家欢, 詹美礼. 接触面剪切流变特性实验及分析. 岩土与水工建筑物相互作用研究成果汇编 [D]. 南京: 河海大学, 1990.

[47] 殷宗泽, 朱泓, 许国华. 土与结构材料接触面的变形及其数学模拟 [J]. 岩土工程学报, 1985, (4): 44-50.

[48] 张嘎, 张建民. 循环荷载作用下粗粒土与结构接触面变形特性的试验研究 [J]. 岩土工程学报, 2004, 26(2): 254-258.

[49] 张嘎, 张建民. 粗粒土与结构接触面统一本构模型及试验验证 [J]. 岩土工程学报, 2005, 27(10): 1175-1179.

[50] 杨有莲, 朱俊高, 余挺, 等. 土与结构接触面力学特性环剪试验研究 [J]. 岩土力学, 2009, 30(11): 3256-3260.

[51] 朱俊高, Shakir R R, 杨有莲, 等. 土–混凝土接触面特性环剪单剪试验比较研究 [J]. 岩土力学, 2011, 32(3): 692-696.

[52] 温智, 俞祁浩, 马巍, 等. 青藏粉土–玻璃钢接触面力学特性直剪试验研究 [J]. 岩土力学, 2013, 34(S2): 45-50.

[53] 陈俊桦, 张家生, 李键. 考虑粗糙度的粘性土–结构接触面力学特性试验 [J]. 四川大学学报 (工程科学版), 2015, 47(4): 22-30.

[54] Li F R. Experimental study on frictional characteristics of offshore wind power foundation pile and soft soil interface[J]. International Journal of Earth Sciences and Engineering, 2016, 9(1): 224-229.

[55] 胡艳丽, 何山. 滩涂地区土与不同结构材料接触面摩擦性能的试验研究 [J]. 建筑科学, 2012, 28(3): 61-65.

[56] 胡艳丽, 石高泉. 沥青涂层对桩侧摩阻力影响的试验研究 [J]. 工业安全与环保, 2012, 38(5): 39-41.

[57] 殷勇, 李富荣. 滨海土体与钢材接触面剪切特性试验 [J]. 土工基础, 2014, (6): 123-125.

[58] 张明义, 时伟, 王崇革, 等. 静压桩极限承载力的时效性 [J]. 岩土力学与工程学报, 2002, 21(S2): 2601-2604.

[59] 李雄, 刘金砺. 饱和软土中预制桩承载力时效的研究 [J]. 岩土工程学报, 1992, 14(4): 9-16.

[60] 李富荣, 张艳梅, 孙厚超, 等. 软粘土中静压桩沉桩挤土效应的模型试验研究 [J]. 江苏科技大学学报, 2011, 12(25): 229-231.

[61] 李富荣, 张艳梅, 王照宇. 软土中静压桩挤土效应的模型试验研究 [J]. 建筑科学, 2013, 29(1): 52-54.

[62] 孙厚超, 李富荣, 张艳梅, 等. 软土地区群桩挤土效应模型试验研究 [J]. 建筑技术, 2012, 43(1): 71-73.

[63] 李富荣, 张艳梅, 杨斌, 等. 基于位移贯入法的静压沉桩有限元分析 [J]. 盐城工学院学报 (自然科学版), 2012, 25(4): 53-58.

[64] 殷勇, 李怀钰, 宁道昌. 基于 Plaxis 位移贯入法沉桩挤土过程分析 [J]. 低温建筑技术, 2014, 36(12): 109-112.

[65] 石磊, 殷宗泽. 砂土中群桩特性的试验研究 [J]. 岩土工程学报, 1998, 20(3): 85-89.

[66] Matsui T, Hong W P, Ito T. Earth pressures on piles in a row due to lateral soil movements[J]. Soils and Foundations, 1982, 22(2): 71-80.

[67] Cao X D, Wong I H, Chang M F. Behavior of model rafts resting on pile-reinforced

sand[J]. Journal of Geotechnical and Geoenvironmental Engineering, 2004, 130(2): 129-138.

[68] 张季如. 大规模带桩筏基模拟试验研究 [J] 岩土工程学报, 1992, 14(6): 81-89.

[69] 汪中卫, 马鸣, 宰金珉. 自张式人字桩竖向承载力分析 [C]. 第 8 届全国桩基工程学术论文集, 2007: 431-434.

[70] 曹秀娟. 软粘土中沉桩挤土效应研究 [D]. 杭州: 浙江大学, 2005.

[71] 张忠苗. 桩基工程 [M]. 北京: 中国建筑工业出版社, 2007.

[72] 方万军. 软土中管桩挤土效应分析及影响研究 [D]. 杭州: 浙江大学, 2006.

[73] 张明义, 邓安福, 干腾君. 静力压桩数值模拟的位移贯入法 [J]. 岩土力学, 2003, 24(1):113-117.

[74] 李富荣, 孙厚超, 何山, 等. 沉桩挤土效应对临近地下管线影响的试验研究 [J]. 地下空间与工程学报, 2013, 9(3): 487-491, 496.

[75] 李富荣, 周乾, 夏前斌, 等. 软土中静压桩施工对紧邻地下连续墙围护结构的影响 [J]. 科学技术与工程, 2013, 13(22): 6497-6501.

[76] 孙厚超, 李富荣, 陆仁艳. 沉桩挤土效应对临近基坑影响的试验研究 [J]. 建筑科学, 2012, 28(9): 48-50.

[77] 李富荣, 孙厚超. 道路约束条件下静压群桩挤土效应的试验研究 [J]. 土木工程与管理学报, 2016, 33(2): 11-17.

[78] 胡中雄. 土力学与环境土工学 [M]. 上海: 同济大学出版社, 1997.

[79] 胡伟. 排土桩挤土效应研究 [D]. 西安: 西安建筑科技大学, 2006.

[80] 朱奎. 温州地区挤土桩对环境影响及防治措施 [D]. 杭州: 浙江大学, 2002.

[81] 李富荣, 孙伟, 杨斌, 等. 预制桩施工对周围环境影响的试验研究及保护措施 [J]. 工业安全与环保, 2014, 40(5):37-40.

[82] 齐建国. 利港电厂 PHC 桩打桩挤土效应评价 [D]. 长春: 吉林大学, 2004.

[83] 李富荣, 周乾, 吴发红. 预制自排水桩的试验研究 [J]. 工业建筑, 2013, 43(9): 96-100.

[84] 李富荣, 周乾, 孙厚超. 预制自排水桩的抗挤土机理分析 [J]. 盐城工学院学报 (自然科学版), 2014, 27(3):58-61.

[85] 朱向荣, 何耀辉, 徐崇峰. 饱和软土单桩沉桩超孔隙水压力分析 [J]. 岩土力学与工程学报, 2005, 24(11): 5740-5744.

[86] 桩基工程手册编写委员会. 桩基工程手册 [M]. 北京: 中国建筑工业出版社, 1997.

[87] 孙修礼. 挤土桩对工程环境的影响及防治措施 [J]. 岩土工程界, 2008, 11(6): 48-49.

[88] 黄院雄, 许清侠, 胡中雄. 饱和土中打桩引起桩周围土体位移 [J]. 工业建筑, 2000, 30(7): 15-19.

[89] 何群, 冷伍明, 魏丽敏. 软土抗剪强度与固结度关系的试验研究 [J]. 铁道科学与工程学报, 2005, 2(2): 51-55.

[90] 唐炫, 魏丽敏, 胡海军. 不同固结度下软土的力学特性 [J]. 铁道勘察, 2009, (4):16-17.

[91] 鲁绪文, 何宁, 关秉洪, 等. 混凝土芯砂石桩的沉桩挤土效应及超孔隙水压力变化 [J]. 水利水运工程学报, 2006, 12(4):41-45.

[92] 叶观宝, 沈超, 邢皓枫, 等. PHC 桩对地基土孔压及侧向位移影响 [J]. 低温建筑技术, 2008, (5):120-123.

[93] 施鸣升. 沉入粘性土中桩的挤土效应探讨 [J]. 建筑结构学报, 1983, (1): 60-71.

[94] 陈应思. 软土地基上静压预制桩承载力的工后增大效应 [J]. 广东土木与建筑, 2003, (8): 3-5.

[95] 韩选江. 静压桩的压桩力和承载力的试验研究 [J]. 建筑结构学报, 1996, 17(6): 71-77.

[96] 广东省住房和城乡建设厅. 静压预制混凝土桩基础技术规程 (DBJ/T 15-94—2013)[S]. 北京: 中国城市出版社, 2013.

[97] 住房和城乡建设部. 建筑地基基础设计规范 (GB 50007—2011)[S]. 北京: 中国建筑工业出版社, 2011.

[98] 刘金砺, 高文生, 邱明兵. 建筑桩技术规范应用手册 [M]. 北京: 中国建筑工业出版社, 2010.

索　引